World Tree Story
History and legends of the world's ancient trees

【ヴィジュアル版】
世界の巨樹・古木
歴史と伝説

ジュリアン・ハイト［著］
Julian Hight

湯浅浩史［日本語版監修］
Hiroshi Yuasa

大間知 知子［訳］
Tomoko Omachi

【ヴィジュアル版】
世界の巨樹・古木
歴史と伝説
World Tree Story: History and legends of the world's ancient trees

ジュリアン・ハイト［著］
Julian Hight

湯浅浩史［日本語版監修］
Hiroshi Yuasa

大間知 知子［訳］
Tomoko Omachi

原書房

シャーロット、ジェイク、ハリーへ

今日もまた木々は悲鳴を上げ、

枝は鋭い音を立てて折れ、どさりと落ちる。

地響きとともに泥の上に倒れる巨木。

哀切な静けさの中、木々をわたるそよ風の

葉ずれの歌はもう聞こえない。

『森への挽歌（Forest Farewell）』
——ポーリーン・ハイト（1934-2010年）

CONTENTS
目次

はじめに——006

本書で紹介する木の一覧——010

◎ スコットランド——014
◎ アイルランド——020
◎ イングランド——028
◎ ウェールズ——040
◎ デンマーク——046
◎ スウェーデン——054
◎ フランス——056
◎ ドイツ——070
◎ ポーランド——082
◎ スイス——086
◎ スペイン——092
◎ イタリア——094
◎ サルデーニャ島——096
◎ シチリア島——106
◎ チェコ共和国——112
◎ ハンガリー——116
◎ クロアチア——122
◎ ギリシャ——124
◎ テネリフェ島——136
◎ エジプト——144
◎ パレスチナ——146
◎ レバノン——152

◎ インド——156
◎ スリランカ——159
◎ 香港——160
◎ 日本——162
◎ カナダ——174
◎ アメリカ——176
◎ メキシコ——208
◎ ドミニカ共和国——212
◎ シンガポール——214
◎ ブラジル——218
◎ ジンバブウェ——220
◎ ボツワナ——222
◎ 南アフリカ——224
◎ マダガスカル島——226
◎ オーストラリア——230
◎ ニュージーランド——236
◎ イースター島——250

解説——252

参考文献　254
図版クレジット　255
謝辞　255
索引　256
樹種索引　261

はじめに

　最古の木と言われるアーケオプテリスは、3億7000万年前に地上に現れたと考えられている。それはやがて地表をうっそうとした森林で覆い、二酸化炭素を吸収し、酸素を放出して、哺乳類が呼吸する大気の基礎を作った。

　現在アーケオプテリスは絶滅してしまったが、今日ではその子孫が数えきれないほどの形と大きさに進化し、地域によって異なる環境に適応して、独特で多様な性質を生みだした。

　木と人々の運命は密接に結びついている。木は日々の生活に木材、燃料、果実、薬、そして日陰をもたらす。木は土壌をはぐくみ、栄養を与え、流出を防ぐ。そして二酸化炭素を固定し、酸素を発生して大気をよみがえらせる。木は天然の強力な貯水施設として、洪水を防ぐ働きをする。木は畏怖と驚嘆の念を呼び覚ましもする。先住民族は世界中で木を崇め、木々にまつわる物語や詩を書き、古木に囲まれて暮らし、働き、死んでいった。木は祖先やその土地の社会の歴史を知る生き証人であり、何世代にもわたって存在する緑の記念碑である。

　木と私たちの間には多くの共通点がある。木は種子から成長し、若木から成木になり、やがて衰え、最後には避けがたい死と腐敗に身を任せる。私たちと同様に、木は個々の存在であり、共同体の一部でもある。木には、生きている限りずっと変わらない個性がある。木の一生はしばしば1000年を超え、木はその生涯を終えて生まれた土に還るとき（もしそれができれば）、その過程で多種多様な生物を養うのだ。

　その土地古来の人間社会と環境のバランスはゆがめられてきた。木と森林は、増加する人口の前に苦境に立たされている。人間はますます高まる飽くなき発展への欲求を追いかけるのに精一杯で、目先の経済的利益に目がくらみ、長期的な環境問題に関心を払う余裕がないのである。

◎本書が誕生するまで

　1863年7月1日、私の高祖父にあたるイギリスのノーザンプトン州出身の農夫ヘンリー・ハイトは、新天地とよりよい生活への希望を胸に、ニュージーランドのティマルー行きの船に乗り込んだ。

　彼は妻のエリザベスと3人の子供たちとともに、ロンドンに近いテムズ川河口のグレーブセンドの町からランカシャー・ウィッチ号に乗船した。3か月の船旅の費用の一部はイギリス政府によって、残りは約束手形で支払われた。出港からまもなく猩紅熱が流行し、3人の大人と23人の子供の命を奪った。遺体はすべて海に葬られた。この病気が原因で、ランカシャー・ウィッチ号は補給のために喜望峰で上陸する許可を得られず、ようやくニュージーランドの港町リトルトンに到着すると、船は隔離された。乗客は、彼らを歓迎するための食べ物や式典がまったく準備されていないのを見て落胆した。船旅の間に、9人の赤ん坊が誕生していた。

　すばらしい新世界を夢見ていた彼らにとって、これは実に残念な滑り出しだったに違いないが、その後に続く現実はさらに厳しいものだった。19世紀半ばのニュージーランドは、とうてい住みやすい場所とは言えなかった。法の支配が届かない場所もあり、北島は悪名高いマオリ戦争に苦しんでいた。ハイト一家は懸命な労働と断固たる決意によって、ようやくクライストチャーチの近くで牧畜をして生計を立てられるようになり、彼らが夢見た新しい生活を支えられるようになった。

　ヘンリーとその家族が勇気ある一歩を踏み出してからおよそ1世紀半後、私は彼らの足跡をたどるために南半球の旅に出る決心をした。

◎すばらしい新世界

　高祖父の時代からはるかな時が流れた印に、彼らが3か月かかった旅を私はたった3日で終え、私の知る限り誰も死なずにすんだ。行きは香港経由、帰りはシンガポール経由で、ついでにオーストラリア南東部とタスマニアを訪れるというおまけつきだった。この

ルートは入植者がたどった長い道のりと同じだという事実に気づいて、私は感慨を覚えた。

開拓者はとうの昔に姿を消したとはいえ、その遺産は彼らの交易の拠点となった地域の西洋化という形で今も残り、交易もまた近代的に姿を変えて続いている。西欧のブランドショップはアジアの昔ながらの店と違和感なく肩を並べ、道路や河川には人力車や中国式の平底帆船と一緒に、最新の技術が共存している。

それぞれの民族に特有の文化や独特の気質を発達させたのは、まさに変化する能力だった。それと同じことは世界の木々にも当てはまる。決まった土地でしか生育しない種は数多くある。とりわけ他の地域から隔絶された場所では、そこでしか見られない種が多い。それらの種は特定の気候や環境に適応して進化した。だから世界各国が、その国に固有の植物や木を保護することが大切なのだ。個々の生態系は、数百年、数千年の時を経て発達し、動物と植物のそれぞれの王国の間に自然のバランスを生みだしている。それぞれの種は他の種に依存し、ときには相互に依存しあっている。たとえば、オーストラリアのコアラは500種を超えるユーカリの中でわずか10種類の葉しか食べない。ニュージーランドのカウリと呼ばれる巨木は、土着の常緑低木のフトモモ科のマヌカ（ティリーフ）などの木陰で成長する。絞め殺しの木と呼ばれるベンガルボダイジュは、土着のイチジクコバチの手を借りなければ子孫を増やすことができない。これらは自然

ディントンの森、ウィルトシャー州、イギリス、2011年

が生んだ共生関係である。

木の病気や害虫が外国からの貨物に付着して簡単に国境を越えて広がるようになったのは、歴史の中でもごく最近にすぎない。その典型的な例をふたつ挙げると、まずトネリコ枝枯病がある。この病気はポーランドで発生したと考えられているが、現在ではヨーロッパ各地に広がっている。また、アオナガタマムシはアジア原産だが、北アメリカのトネリコをしだいに侵食しつつある。

◎ 資料と旅

私は本書に掲載する木の写真を撮影し、文章を書くために、5年間かけて世界を広く旅した。まだ訪ねる機会がなかった場所に友人や同僚が出かけると聞けば、彼らに頼みごとをした。それぞれの木について知るには、手がかりとしてまず古い写真や版画を探すといい。それは私が処女作である『イギリスの樹 (Britain's Tree Story)』を執筆するための調査をしながら、肌で感じたことだ。ヴィクトリア朝の写真家は、当時盛んだったイギリスの絵葉書産業のために名所旧跡を写真に収め、過ぎ去りし世紀の風景を遺産として残した。世界中の木について調べ始めて、私はあらためて感銘を受けた。19世紀や20世紀の芸術家や写真家は、何と広い地域を旅したことだろう。世界のあらゆる地域が踏破されているように見え、資料にはこと欠かなかった。現代の旅行の簡便さに比べて、1世紀前の旅の苦労を思えば驚くべきことだ。そこにはおそらく、人間の持つ遊牧民精神、つまり新しい牧草地へ移動したい（必要に迫られて、あるいは自ら進んで）という欲求が反映しているのだろう。最初の

人類がアフリカを出る決心をしたときからずっと、その精神は私たちの一部であり、人類はついに、最も過酷な気候の地域を除いて地球全体に広がったのである。木は、人間とは違う方法で種子を遠くにばらまく。風、水、哺乳類、鳥の力を借りるが、結果は同じだ。条件さえ許せば、生命は繁殖するのである。

植民地主義と帝国

　イギリスやヨーロッパの開拓者は、主として新しい土地、資源、そして富を求めて船出した。母国の蓄えは長い間にほとんど使い尽くされていたからである。木は最も重要な戦利品であり、木材から得られる利益は、地球の反対側まで航海する価値が十分にあった。過剰な伐採は珍しいことではなく、木は単に収入を得るための商品にすぎないと考えられていた。残念ながら、こうした傾向は現在も赤道域の熱帯雨林帯やその周辺で続いている。そこは地上に残された最後の大森林なのである。

　イギリスの原初の森の伐採は遠い昔の出来事なので、なだらかな丘陵地帯や野原が広がる現代の田舎の風景を、自然の姿だと考えている人は多い。実際にはそのほとんどが、何世紀もかけて森林を切り開いて作られた土地なのである。うっそうと茂った森が一面に広がっていたわけではないとしても（放牧林や手入れされていない草地、荒地が点在していた）、イギリスの原生林が現在では2パーセントしか残っていないという事実が多くを物語っている。

神々、巨人、こびと

　本書では、39か国を巡って樹木の世界の偉大な生き残りの100の物語を記録している。樹齢3500年のジャイアントセコイアや、さらに古く、幹がよじれ上部が枯れて低くなったカリフォルニアのブリッスルコーンパイン。1000年もの間生きつづける幹がうつろな神々しいオークや、北ヨーロッパの先史時代のイチイ。地中海沿岸地域のオリーブの古木。アフリカやオーストラリアの神聖なバオバブは、悪魔によって地面に逆さまに突き刺されたと言われている。天に向かってそびえるニュージーランドのカウリ。そして山深い神秘的な日本の、神々が宿るスギやクスノキ、サクラ。

　歴史を通じて、これらの偉大な木々はたいていその周囲で暮らす人々の生活を支え、だからこそ現代まで生き延びてきた。木々は食べ物、木陰、燃料、木材を提供した。木と人の協力関係は数千年も続き、その間に、ある木々は樹齢1000年の風格を備えるようになった。木々はいくつもの物語を生み、あるものは神格化されて、それらの木々に囲まれて暮らす人々から深く崇拝されている。

　過去1世紀半の間に、このバランスに変化が生じた。もはや薪は日常に欠かせない燃料としてあらゆる場所で求められることはなくなり、定期的に幹を切り、切り株から芽生える枝葉を薪や木材として再利用する萌芽更新という習慣が急速にすたれて、木が育つ環境も減少した。ワイン産業では、コルク栓は一般にねじ蓋に取って代わられ、地中海沿岸地域のコルクガシの森の衰退を招いた。低価格の紙と木製品の需要によって、最後に残された赤道域の広大な熱帯雨林帯が破壊されつつある。そうした安価な紙は、そのつもりになれば持続可能な方法で生産できるはずである。失われたものを取り戻そうとして、現在は持続可能性が強く求められているが、傷つきやすくかけがえの

カウリ・ガリー［現在は景観保護区カウリ・グレン公園の一部］、オークランド、ニュージーランド、1905年頃

ない老齢林が消えていく速度に追いつけないのが現状だ。

森林を守るには、消費者の力が大きい。商店街で持続可能な商品が売られるように要求すれば、政府や企業に根本的な影響を与えられる。彼らにとっては、正しい行動をしているというイメージが大切だからだ。

◎単独の木と共生関係

最近の研究によって、木は、菌根菌を介して周辺の木と養分を交換していることがわかった。菌を構成する菌糸、すなわち、地上の子実体（キノコ）を支える目に見えない枝分かれした糸状の構造が、周辺の木の根を相互に結びつけている。菌糸によって構成された、いわば高速幹線道路のようなネットワークは、しばしば広大な範囲に広がっている。菌糸は木の耐性を強め、その界隈の他の木から養分を得て、また別の木にその養分を分配するという相互に有益な関係を結んでいる。

本書で紹介する木は、たいてい単独の木で、その圧倒的な大きさや、並はずれた樹齢、あるいは歴史的、宗教的な重要性によって、ほとんど重要な美術品のように扱われて現在まで生き延びてきた。自然の環境にいれば、その多くは若木や、その森林の中のとりたてて目立たない木に養分を与え（あるいは受け取り）ながら、「母なる」木となっていただろう。しかし人の手が加わった環境では、そう呼ばれることはかなわなかったのだ。

ジャイアント・フォレスト、キングスキャニオン国立公園、カリフォルニア州、アメリカ、2014年

◎本書の構成

本書では木を国別に、世界地図を眺めたときに大体北から南、そして西から東の順番で紹介している。世界を「北半球」、「赤道域」、そして「南半球」という3つの大きな地域に分け、それぞれの気候や環境に適応して独特の進化を遂げた非常にユニークな木を取り上げた。

私は歴史、事実、伝説、言い伝え、そして神話の間に明確な区別をしていない。それらはすべて、人々が歴史を通じて古木をどのように見てきたかにつながっているからだ。それらは個々の木と、ネットワークで結ばれたそれらの木のコミュニティの生活に密接な関係があり、私の目から見れば、どれも皆、同じ正当性を持っている。それらすべてが木にまつわる物語の一部なのだ。

◎保護と管理

世界には人々の崇拝を集める古木が数多く生き残っている。それらの木は、その周囲で繰り広げられた歴史そのものといっていい。帝国は栄え、そして滅んでも、本書に登場する木の大半はその場に踏みとどまった。木とともに、人間の歴史、物語、そして行為は生きつづける。

それらの木の将来の見通しは暗澹たるもので、その生存を守るのは私たちに課された困難な課題である。彼らは滅びゆく種なのだ。それらの木がすでに失われてしまった地域では、再生と保護活動が活発に行なわれている。樹齢1000年の木は、一夜にして取り戻せるものではない。これほどの長寿は、人間の寿命の15倍以上を必要とするのである。

本書で紹介する木の一覧

❖──012-013ページの世界地図を参照

◎スコットランド
1　ポーカーの木、アバーフォイル……………………………………014
2　ウォレスのイチイ、エルダースリー………………………………016
3　カポンの木、ジェドバラ……………………………………………018

◎アイルランド
4　パーマストンのイチイ、ダブリン…………………………………020
5　マックロスのイチイ、キラーニー…………………………………026

◎イングランド
6　マートンのオーク、マートン、チェシャー州……………………028
7　ダーリー・デールのイチイ、ダーリー・デール、ダービシャー州……030
8　ドルイドのフユナラ、バーナム・ビーチズ、バッキンガムシャー州……032
9　マジェスティ、ノーニントン、ケント州…………………………034
10　ハロルドのイチイ、クローハースト、イースト・サセックス州……036

◎ウェールズ
11　スランゲルナウのイチイ、スランゲルナウ………………………040
12　ポントバドグのフユナラ、ポントバドグ…………………………042
13　デバンノグのイチイ、デバンノグ…………………………………044

◎デンマーク
14　王のオーク、ノアスコーウン、イェーヤスプリス………………048
15　ウルヴスダルのオーク、イェーアスボー・デュアヘーウン……052

◎スウェーデン
16　クヴィルのオーク、ノラ・クヴィル………………………………054

◎フランス
17　礼拝堂のオーク、アルヴィル=ベルフォス………………………056
18　ロバンのニセアカシア、パリ………………………………………058
19　シュリーのオーク、フォンテーヌブローの森……………………062
20　ユピテルのオーク、フォンテーヌブローの森……………………065
21　ジャンヌ・ダルクのセイヨウシナノキ、ヴォークルール………068

◎ドイツ
22　ホーレ・アイヒェ、レリンゲン……………………………………070
23　イェーニッシュパークのヨーロッパナラ、ハンブルク…………072
24　アマーリエのオーク、ハスブルッフの森…………………………076
25　フリーデリケのヨーロッパナラ、ハスブルッフの森……………078
26　イーフェナックのヨーロッパナラ、ティーアガルテン、イーフェナック……080

◎ポーランド
27　ヤン・バジンスキーのオーク、カディニ…………………………082
28　ヤン・カジミェシュのオーク、ボンコボ…………………………084

◎スイス
29　リンのセイヨウシナノキ、リン……………………………………086
30　モラのフユボダイジュ、フリブール………………………………088
31　公式マロニエ、ジュネーブ…………………………………………091

◎スペイン
32　インドゴムノキの一種、カディス…………………………………092
33　千年オリーブ、イビザ島……………………………………………093

◎イタリア
34　タッソのオーク、ローマ……………………………………………094

◎サルデーニャ島
35　イル・パトリアルカ、サント・バルトル、ルーラス……………100
36　オリヴァストロ・デ・ミレナーロ、サント・バルトル、ルーラス……104

◎シチリア島
37　カスターニョ・デイ・チェント・カヴァッリ、サンタルフィオ……108
38　イル・カスターニョ・デッラ・ナーヴェ、サンタルフィオ……110
39　千年オリーブ、サンタナスタジーア………………………………111

◎チェコ共和国
40　ケルナーのオーク、ダロヴィツェ…………………………………112
41　ペトロフラトのオーク、ペトロフラト……………………………114
42　カルロヴォ・ナームニェスティーのモミジバスズカケノキ、プラハ……115

◎ハンガリー
43　アールパードのオーク、ヘーデルヴァール………………………116
44　ケーセグのセイヨウトチノキ、ケーセグ…………………………118
45　ニセアカシア、ブダペスト…………………………………………120
46　マイケル・ジャクソン記念樹、ブダペスト………………………121

◎クロアチア
47　スズカケノキの巨木、トルステノ…………………………………122

◎ギリシャ
48　プラトンのオリーブ、アテネ………………………………………124
49　イリヤ・ヴーヴォン、アノ・ヴーヴェス、クレタ島……………126
50　ドロモネロのスズカケノキ、ドロモネロ、クレタ島……………129
51　モニュメンタル・オリーブ、パレア・ルマタ、クレタ島………130

| 52 | ヒポクラテスのスズカケノキ、コス島 | 132 |

●テネリフェ島
| 53 | エル・ドラゴ・ミレナリオ、イコー・デ・ロス・ビノス | 136 |
| 54 | ピノ・ゴルド、ヴィラフロール | 142 |

●エジプト
| 55 | 聖なる木、カイロ | 144 |

●ヨルダン西岸地区
56	アブラハムのオーク、ヘブロン	146
57	ザアカイの木、エリコ	148
58	苦悶の木、エルサレム	150

●レバノン
| 59 | 神のスギ、バシャリー | 152 |
| 60 | シスターズ、ビケイラ | 154 |

●インド
| 61 | グレート・バンヤン、コルカタ | 156 |

●スリランカ
| 62 | 聖なるボーディー・ツリー、アヌラーダプラ | 158 |

●香港
| 63 | 祈願樹、ラムツェン、香港 | 160 |

●日本
64	塩釜桜、金沢市	162
65	山高神代桜、北杜市	164
66	祇園の夜桜、京都市	166
67	唐崎の松、大津市唐崎	168
68	誓欣院のクロマツ、熱海市	169
69	大楠、熱海市	170
70	縄文杉、宮之浦岳、屋久島	172
71	日光街道杉並木、日光市	173

●カナダ
| 72 | チーワット・ジャイアント、バンクーバー島 | 174 |
| 73 | ホロー・ツリー、スタンレー公園、バンクーバー | 175 |

●アメリカ
74	ジャック・ロンドンのオーク、オークランド、カリフォルニア州	178
75	グリズリー・ジャイアント、ヨセミテ国立公園、カリフォルニア州	186
76	ワウォナ・トンネル・ツリー、ヨセミテ国立公園、カリフォルニア州	188
77	グラント将軍の木、キングスキャニオン国立公園	192
78	シャーマン将軍の木、セコイア国立公園	194
79	メスーゼラ、ブリッスルコーンパインの森	200
80	1000マイルの木、ユタ州	204
81	リバティツリー、ボストン、マサチューセッツ州	205
82	トリーティツリー、フィラデルフィア、ペンシルベニア州	206
83	セネター、ロングウッド、フロリダ州	207

●メキシコ
| 84 | ノーチェ・トリステの木、メキシコシティ | 208 |
| 85 | トゥーレの木、エル・トゥーレ、オアハカ州 | 209 |

●ドミニカ共和国
| 86 | コロンブスの木、サント・ドミンゴ | 212 |

●シンガポール
| 87 | テンプス、シンガポール植物園 | 216 |

●ブラジル
| 88 | パトリアルカ・デ・フローレスタ、バスヌンガ国立公園 | 218 |

●ジンバブウェ
| 89 | ビッグツリー、ヴィクトリアの滝 | 220 |

●ボツワナ
| 90 | ベインズのバオバブ、トゥトゥメ | 222 |

●南アフリカ
| 91 | サンランド・バオバブ、モディアディスクルーフ | 224 |

●マダガスカル島
| 92 | バオバブ・アベニュー、ムルンダバ | 226 |

●オーストラリア
93	プリズンツリー、ダービー、西オーストラリア州	230
94	ネッド・ケリーの木、ストリンギーバーク・クリーク、ヴィクトリア州	232
95	コロボリーツリー、メルボルン、ヴィクトリア州	234

●ニュージーランド
96	リーピングツリー、レインガ岬	236
97	モートンベイ・イチジク、ラッセル、アイランズ湾	238
98	タネ・マフタ、ワイポウア森林保護区	242
99	テ・マトゥア・ナヘレ、ワイポウア森林保護区	244

●イースター島
| 100 | トロミロ、イースター島 | 250 |

本書で紹介する木がある場所

❖——番号は010-011ページの茶色の数字1〜100に対応

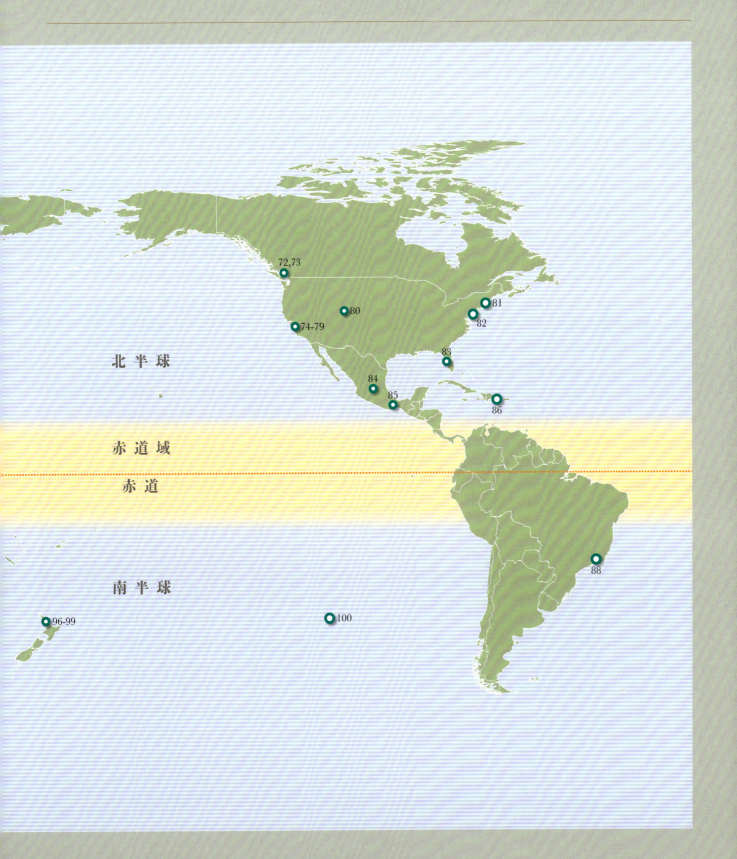

ポーカーの木

❖ アバーフォイル、スコットランド

スコットランドの静かな村にすぎなかったアバーフォイルは、1810年にウォルター・スコットが近くのカトリン湖を舞台にした小説『湖の麗人』を発表してから一躍有名になった。現在、アバーフォイルは北のトロサックス国立公園を目指す観光客や旅行者の玄関口である。

アード湖に向かう主要道路とフォース川に挟まれた十字路の近くに、ねじれたフユナラ（*Quercus petraea*）の老木がクレイグモア丘陵に寄り添うように立っている。苔むした木の幹回りは2.65メートルだが、極端にねじ曲がった幹の根元では、ほとんどその2倍の太さがある。

この木はポーカーの木と呼ばれている。ウォルター・スコットの小説『ロブ・ロイ（*Rob Roy*）』に描かれた、この木の隣の酒場で起きた騒動にちなんで名づけられた。ロブ・ロイのいとこにあたるベイリー・ニコル・ジャーヴィーは、樹皮を剝いだヤナギの枝が酒場の入口に立てかけてあったのを無視して、ふたりの仲間と一緒に店に入った。これは「入るべからず」という意味のスコットランドの古い風習だ。村人とけんかになったジャーヴィーは、暖炉にあった熱い火かき棒でハイランド地方の大男に応戦して事なきを得た。しかし、その夜はにぎやかに更け、店中がお祭り騒ぎとなった。この物語を記念して、この木に火かき棒（ポーカー）を吊るすのが伝統になった。1928年に撮影された写真（右下）には、吊るされた火かき棒がはっきり写っている。

しかし私が訪れたとき、火かき棒は見当たらず、スターリング地方議会が出した樹木保護命令を無視して2本の主枝が切られていた。人々がポーカーの木に無関心になったのは、酒場がもう営業をやめて、その建物がアパートになったせいかもしれない。これまで伝統が守られていたのは、地元の人が酒場の主人を務め、店に集まるお客のコミュニティが受け継がれてきたためだったのだろう。

ここはロブ・ロイ・カントリーと呼ばれる地域で、スコットランドの有名な民衆の英雄ロブ・ロイが活躍した舞台だ。ロブ・ロイはこの場所からわずか24キロメートル北のグレンガイルで1671年に誕生した。現在はトロサックス国立公園とクイーン・エリザベス森林公園へのツアーの便利な出発点になっている。

とんでもなく大きなハイランド地方の男が武器を手に向かってくるのを見て、彼はあたふたと自分がサーベルと呼んでいる刀の柄に手をかけて引き抜こうとした。しかし、長い間使っていなかったせいで刀が錆ついて抜けないのに気づいて、代わりの武器をつかんだ。それは鋤の先に取り付ける刃で、火かき棒代わりに使われていたので熱で真っ赤になっていた。それを振り回すと、最初の一振りで相手の男の格子柄の肩かけに火がついた。男は火を消す間、用心深く距離を取った。
——『ロブ・ロイ（*Rob Roy*）』、ウォルター・スコット、1817年

ポーカーの木、1928年

ポーカーの木、2013年

ウォレスのイチイ

❖エルダースリー、スコットランド

スコットランドの偉大な英雄で自由の闘士のウィリアム・ウォレスは、1272年頃ペイズリーの西のエルダースリーで生まれた。ウォレスの父、サー・マルコムはエルダースリーの地主で、その地所にウォレスにゆかりのある2本の有名な木が茂っていた。1本はウォレスのオークと呼ばれ、イングランド軍に追われたウォレスと彼の兵士300人がその枝の下に隠れたと伝えられている。もう1本はウォレスのイチイで、ウォレスが幼い頃、この木の枝に隠れて遊んだという。オークの方は1856年に激しい嵐で倒れ、残った枝や幹は遺物収集家によって持ち去られた。ウォレスが遊んだセイヨウイチイ（*Taxus baccata*）、あるいは少なくともその子孫の木は、この英雄の子供時代の庭に今も立っている。

もうひとつの伝説では、イチイを植えたのはウォレスだとされているが、幹回りが4.3メートルなので、一般的にこのイチイの樹齢はせいぜい400年程度で、ウォレスの死後かなりたってから植えられたと考えられている。この地所は1769年にウォレスの子孫が手放し、スピアー家によって購入された。新しい所有者は木にまつわるこうした歴史が語り継がれるのを喜んだに違いないし、この木を種子から発芽させて育てたのは彼らかもしれない。しかし、これは憶測にすぎない。イチイは場所や環境によって育つ速度が異なることが知られており、このイチイはすでに1700年代には教区の記録に「古木」と記されている。この木もまた、長年の風雪に耐えてきたのである。

1978年に、心ない人々による放火によって、このイチイはほとんど焼失するところだった。この事件をきっかけに、レンフルーシャー議会は再生計画に着手した。2005年1月12日、ウォレスの没後700年記念の日に、荒れ狂う嵐がこの木の半分をなぎ倒した。専門家は最悪の事態を覚悟したが、ほぼ10年たった現在、保護柵と手厚い世話のおかげで、ウォレスのイチイはふたたび堂々とした姿を見せている。この木はウォレスの名に恥じない闘士であり、記念碑やウォレスの生家跡に囲まれて堂々とした存在感を見せ、ウィリアム・ウォレスの名をいっそう高めている。

2011年に、地元の名士とウォレス小学校の生徒たちが、このイチイの挿し木から育てた若木を親木の近くの囲い地に植樹した。もう1本はホリールードにあるスコットランド議会会館の敷地に植えられた。

反乱が広がるのを防ぐために、見せしめとして行なわれたウォレスの残酷な処刑は逆効果になった。1314年、スコットランド王ロバート・ブルースは、兵士とともにイチイの枝を身につけてバノックバーンの戦いに挑み、イングランドを打ち破った。

「スコットランドの守護者ウォレス」、ウォレス記念碑、エルダースリー、2013年

> ウォレスの家の庭にはスコットランド産のイチイの見事な木が見られ、かの有名なオークと同時代か、さらに古いものだと言われていることも特筆に値する。いずれにしても、この木はかなり古いものであり、伝統的に「ウォレスのイチイ」と名づけられている。
> ——『スコットランド統計（*Statistical Account for Scotland*）』（1834–45）

ウォレスのイチイ、2013年

北半球——スコットランド

カポンの木

❖ジェドバラ、スコットランド

ジェドバラから3.2キロメートルたらず南のジェド川南岸の草地に、堂々とした大きさのカポンの木が立っている。この木は大きく枝を広げたフユナラ(Quercus petraea)の古木で、年老いて苔むし、数えきれないほどの生きものの住みかとなっている。私はキツネがうつろな幹の中に巣を作って住んでいるのを見た。なんともぜいたくなねぐらである。

推定樹齢は500年から1000年までの幅があるが、9.37メートルという幹回りと、ふたつに分かれた幹のせいでより大きく見えることを考慮すれば、おそらく樹齢がその間のどこかに収まるのは間違いないだろう。

このオークは広大なジェド森林の唯一の生き残りだと言われている。かつて広く平坦で肥沃な川の流域に茂っていたこの森は、はるか昔に耕地に変えられた。この木の水平に張り出した太い枝は周長3.75メートルで、これだけでオークの成木の太さがある。この枝の重さのせいで木が裂けたのは確かで、重みを支えるために何本かの支柱が立てられている。

カポンの木という名前の由来は定かではない。一般的に伝わる説によれば、ジェドバラ修道院で生活していたカプチン会の修道士にちなんだ名前のようだ。しかし、古い文献にはカポンと名づけられたオークが他にも2か所で記録されている。ひとつはイギリスのカンブリア州の町ブランプトンで、もうひとつはノーサンバーランド州のアニック・カースルにある。どちらも「カポン」は「出会う」という意味のスコットランド語の「ケップ」に由来すると書かれている。おそらくこれがその名前の本当の由来であり、16世紀にイングランドから祖国を守るために、その木の下に国境地帯の氏族が集結したことを示唆しているのだろう。ジェドバラの若者は勇猛果敢で知られ、その名声を称えて毎年7月にジェドバラ・カラント[スコットランド語で「若者」]・フェスティバルが開かれる。その祭りでは、ひとりの青年が町の代表として選ばれ、近くのファーニーハースト城まで騎馬隊列を率いてパレードを行なう。そして帰りにカポンの木に立ちより、その枝を折り取って襟に飾る習わしになっている。

カポンの木からそう遠くない丘の頂に、城に続く小道に面して背の高いまっすぐな美しいヨーロッパナラ(Quercus robur、アカガシワ)が立っている。

カポンの木、1910年頃

森の王と呼ばれるこの木は、幹回り5.6メートルで、有名な隣人であるカポンの木には及ばないが、かなり古い木である。スコットランド女王メアリーがこの町に滞在していた1566年には、おそらくまだ若木だっただろう。その後、メアリーはイングランドで18年と半年に及ぶ幽閉生活を送ることになった。スコットランド女王の不幸な運命は、イングランド女王エリザベス1世の断固たる手に握られたのである。

この最後の木は、その昔、国境地帯の氏族が集まった場所だと言われている。それでスコットランド語で「会う」という意味の「ケップ」からカポンという名がついたのである。

——『高木林と低木林(Arboretum and Fruticetum)』、J・C・ラウドン、1838年

カポンの木、2013年

北半球——スコットランド

パーマストンのイチイ

❖ パーマストン、ダブリン、アイルランド

　ダブリン中心部からおよそ7.3キロメートル西に、かつては田舎の村だったパーマストンがある。ノルマン人がアイルランドに侵入する前から、その村のリフィー川北岸の小高い場所に教会が立っていた。1868年に、その教会の西側で非常に古い骨壺が発見され、この地域にはノルマン人が来る前から先史時代の集落があったことが証明された。

　教会の庭にはかつてセイヨウイチイの古木があった。この木は少なくともこの教会が最初に建てられた頃から立っていたと考えられ、この国で最も古い木のひとつである。幹が空洞になったこのイチイの古木は1880年代に嵐で倒れたが、1864年の『イラストレーテッド・ロンドン・ニュース』紙に、ウィリアム・ウェークマンが描いたスケッチをもとにした版画が掲載されている。この時代には、1675年に昔の教会跡に建てられたスタックゴリー教会も荒れ果てていた。18世紀と19世紀にリフィー川を利用して作られた多数の製粉所にちなんで、ミル・レーンと呼ばれる通りがある。そこから少し歩いたところにある小道は、古いパーマストン居酒屋の前を通っている。この居酒屋は1738年にラフリン・マーフィーという人物が殺されたといういわくつきの場所だ。マーフィーを殺害した第4代サントリー卿ヘンリー・バリーは、イギリス王ジョージ2世から刑の執行を猶予され、その後、完全な赦免を与えられた。

　現在、この教会の庭には7本の（7はケルトの神話で重要な魔術的数字とされている）若いイチイが生育している。その付近には、昔はなかった数本の木が墓石の間に点々と生えている。ほとんどの墓碑銘は風化していて読めない。パーマストンという村名は、聖地への巡礼ののち、1180年に修道院を設立したアエルレッド・ザ・パーマーにちなんで命名されたのかもしれない。「パーマー」[「ヤシを持つ人」の意味]とは巡礼者のことで、巡礼者が記念にヤシの葉で作った十字架を持ち帰ったことからそう呼ばれるようになった。復活祭直前の日曜日に当たる枝の主日にヤシの葉を撒く習わしがあるが、アイルランドでは代わりにイチイの枝を用いた。イチイの長寿と再生力の強い性質が尊ばれたからである。イチイのことを「パーム（ヤシ）」と呼ぶことも多く、パーマストンの名は教会の古いイチイに由来しているとも考えられる。

教会から数メートル南東に、威厳のあるイチイの老木が立っている。今ではほとんど枯れかけているが、この土地の名はおそらくこの木にちなんだものだろう。

——『イラストレーテッド・ロンドン・ニュース』、1864年

パーマストンのセイヨウイチイ、1864年

スタックゴリー教会遺跡とその奥のイチイ、2013年

マックロスのオークの森

キラーニーのオークの森

❖キラーニー国立公園、ケリー州、アイルランド

アイルランドではおよそ1万年前に最後の氷河期が終了したあと、森林が徐々に発達して、ケルト人が暮らす時代には国土の大半が広大な森に覆われていた。アイルランド南西部には、「リスはキラーニーからコークまで、地面に一歩も足をつけずに走っていける」という古い言い伝えがあるが、これはアイルランドの森林の深さと広さを物語っている。

16世紀末に、エリザベス1世の統治下で森林の伐採が本格的に始まった。その目的は、第1にアイルランドの反逆者が隠れる場所を奪うこと、第2に、安全で居住可能な土地を押収してイングランド人の植民者に与えることだった。

それから1世紀の間に、農耕は森林よりも利益が得られるという認識が広まり、さらに広い土地が開墾された。また、オークは造船にもある程度使われ、特に東インド会社の船の建造に利用された。

しかし、アイルランドの森林破壊の最大の責任者は、17世紀から18世紀にかけて急激に発達した3つの職業、すなわち樽製造業者、皮なめし業者、そして炭焼き人だった。アイルランド南部のフユナラ(*Quercus petraea*)は樽板の生産に理想的で、1625年までに、フランス産やスペイン産のワインの大半の樽材として利用されるようになった。

炭焼き業は地元の製鉄業に燃料を提供し、ケリー州のオークの森を急速に減少させた。キラーニーの2か所の精錬所に炭を供給するために、年間およそ600本の木が切られた。毎年約8ヘクタールのオークの森が失われたことになる。

18世紀と19世紀には、キラーニーのオークの生木から樹皮が大量に剥ぎ取られ、獣皮をなめすために使われた。スペインやポルトガルのコルクガシは樹皮を剥がれても生きつづけたが、アイルランドのフユナラは枯れてしまった。そこでようやく法律が制定され、倒木以外の樹皮を剥ぐことが禁止された。

これらの産業は今ではすたれて、現在はキラーニー・バレーのレイン湖、マックロス、そしてアッパー湖の周辺に1400ヘクタールのオークの森が残っている。これはアイルランドに残る原生林としては最大の広さで、1932年に設立されたこの国初の国立公園の大部分を占めている。

マックロスのオークの森

> それは滴るような瑞々しさにあふれ、この上なく豊かな色調からなる、密集した木々の塊である。
>
> ——キラーニーの森への旅を描いたアーサー・ヤングの文章、1776年

マックロスのイチイの森

リーナディンナのイチイの森

❖ キラーニー国立公園、ケリー州、アイルランド

　キラーニーのオークの森よりさらに印象的なのは、おそらくマックロス半島のマックロス湖とレイン湖の間に位置するリーナディンナの森と呼ばれるイチイの古い木立だろう。この森の主要な植物はセイヨウイチイ(Taxus baccata)で、浅い土壌の中の石灰岩層にしがみつくように生えている。うっそうとしたイチイの森ではもちろんのこと、1本のイチイでさえ、その木陰ではスギゴケやツタ、そしてたまにゼニゴケが見られる以外、ほとんどの植物が育たない。この森の地表面は非常に暗いので、ここではイチイの若木でさえ育つのは難しい。

　イチイには毒性があるにもかかわらず、シカによる食害がこの森の根本的な問題だと考えられてきた。しかし、囲いをめぐらしてシカを寄せつけないようにしても、この森の自然の再生にはほとんど効果が見られなかった。

　リーナディンナの森はアイルランドの古いイチイの森の最後の生き残りであり、北ヨーロッパに残されたわずか3か所のイチイの森のひとつである。樹齢200年を超える木は数えるほどしかないが、およそ3000年から5000年の間、この森のイチイは世代交代を繰り返してきたと考えられている。

　この地域のイチイは19世紀の家具製造業で象嵌細工の材料として伐採されたが、ここには25ヘクタールの神秘的なイチイの森が残っている。ねじれ、湾曲し、曲がりくねったイチイが太陽の光をさえぎるので、こんもり茂ったふかふかのコケの上に不気味な形の影が映し出される。私は激しい雨の日に訪れたが、濡れそぼった幹や枝は黒光りして、まるで蛇のように見えた。

　ある日、私は西部のウェスト・マンスターの森を通り抜けた。赤いイチイの実を持ち帰り、それを中庭の果樹園に埋めると、成長して人の背丈ほどになった。それからその木を果樹園から中庭の平らな芝地に植え替えたところ、その芝地の中央で大きく枝を広げ、その木陰に100人の兵とともに入れるまでになった。その木は風や雨、そして寒さや暑さから私を守ってくれた。

——『タラ領地の裁定(The Settling of The Manor of Tara)』より、語り手フィンタンの言葉。R・I・ベストによる翻訳、1910年

マックロスのイチイの森

マックロスのイチイ

❖マックロス修道院、キラーニー、アイルランド

レイン湖の湖畔には青銅器時代から人が住んでいた。ダンロー洞窟に刻まれた大昔のオガム文字(古代のドルイド教が使っていた古代文字)の発見によって、それが裏づけられている。キリスト教が広まると、修道院が建てられた。最も重要なのはレイン湖の島に建設されたイニスファレン修道院で、ここにはアイルランドの初期の歴史をつづった11世紀から13世紀までの文書、『イニスファレン年代記(Annals of Innisfallen)』が所蔵されていることで知られている。1448年にマックロスの領主マッカーシー・モアによって、リーナディンナの森の東側で、レイン湖が見える場所にフランシスコ会修道院が設立された。この修道院の回廊で囲まれた中庭の中央に、セイヨウイチイ(Taxus baccata)の古木が立っている。幹回りは3.12メートルで、大きく広がった樹冠は中庭の屋根代わりになっている。言い伝えによれば、このイチイは修道院が建設されたときに植えられたという。大きさから判断すると、もっと若い木のようにも思えるが、四方が囲まれた場所に生えているせいで、幹を太くするより太陽の光を求めて上に伸びるためにエネルギーを使ったのだろう。おそらくこの言い伝えは正しく、この木の樹齢は550年を超えていると思われる。アイルランドで最も古い木のひとつだ。1770年代から幹回りがわずか1メートルしか成長しなかったという事実が、この推測の正しさを物語っている。修道院の壁のすぐ外側に生育しているイチイは、おそらく同時期に植えられたものと思われるが、こちらは幹回りが4.5メートルある。

マックロス修道院は苦難の歴史を歩んできた。ヘンリー8世による修道院解散法の後も没収は免れたが、1625年にルドロー卿の率いるクロムウェル軍によって侵略された。1770年代にはジョン・ドレークという名の隠者だけがこの修道院で暮らし、食べ物と引き換えに巡礼者を泊めていた。しかし、彼はある夜、酔っぱらってふらふらと歩いているところを見つかって、神聖な修道院に間借りすることはもはやできなくなった。

この修道院の墓所には、古代から地元の君主が埋葬されてきた。17世紀と18世紀には、ジョフリー・オドノヒュー、エイダン・オラハル、オーウィン・ルア・オスーレーワウンの3人のゲール語の詩人がそこに加わった。

ある男が墓に埋葬されたばかりの死体を貪り食っているところを、その男の新婚の妻が目撃するという怪談話がある。しばしばマックロスを訪れていたブラム・ストーカーは、この話にヒントを得て1897年に吸血鬼ドラキュラの小説を書いたと言われている。

最後に、このイチイを見に訪れることがあっても、決して記念に枝を持ち帰ったりしてはいけない。このイチイの枝を折り取った人は誰でも、1年以内に死ぬと言い伝えられている。

修道院の回廊に囲まれたほの暗い空間の中央に、見たこともないほど大きなイチイが生えている。堂々とした幹の直径はおよそ60センチメートルで、高さは4メートルあまりである。枝が四方に張り出し、この空間全体を天蓋のように覆っている。
——『アイルランド探訪記(A Tour In Ireland)1776－1779年』、アーサー・ヤング

マックロスのイチイ、1901年

マックロスのイチイ、2013年

マートンのオーク

❖ マートン、チェシャー州、イングランド

教会からさほど離れていないところに、非常に美しいオークの木がある。あまり知られていないが、イングランドで最も大きい木だと信じられている。
——『イギリス地誌（*Magna Britannia*）』、ダニエルおよびサミュエル・ライソンズ、1810年

マートンのオーク、1860年頃

イギリスには多数の古いオークの巨木が見られることはよく知られており、それらの木はイギリス各地に、しばしば1本だけぽつんと立っている。その中でも幹回りが最大で、おそらく最高齢の生きているヨーロッパナラ（*Quercus robur*、アカガシワ）は、幹回りが14.4メートルもある。

この木はチェシャー州マートンの個人の家の庭に立っており、最近の推定によれば樹齢はおよそ1200年である。木の中心部は大昔に朽ちて失われてしまったので、樹齢を正確に推定することはできない。裂けた幹が4本の別々の木として成長しているところから、このオークは4本の木が合体したものだと考える人もいる。しかし、オークの古木が裂けるのはごく普通の現象であり、根を共有しているところから、このオークが1本の巨木であることは確かだ。スケッチおよび写真による過去3世紀の記録（右）を見ると、外観が少しずつ変化しているのがわかる。

マートンのオークがまだ若木だった頃、イングランドを支配していた王国のひとつであるマーシアではアングロサクソン人の王オファの血なまぐさい治世が終わりに近づき、イングランドにヴァイキングの襲来が迫っていた。地元に残る伝説によれば、村人たちは夏の訪れを祝う5月祭でこの木を囲んで踊り、樹皮を幸運のお守りとして家に吊るし、それを皮膚病の治療に用いた。イボを取るためにも使ったという。

19世紀になると、中空の幹は雄牛をつないだり、豚を飼ったりするために使われた。当時、この木はまだ広い牧草地の中の柵で囲まれたマートン農場にあったのである。しかし今では、この木には俗世を離れた庭のようなたたずまいがあり、管理人が細心の注意を払って世話をしている。私が訪れたときは、この木の見事に繁った樹冠にあふれんばかりのドングリが実っていた。このドングリは、最近まで地元の小学生が集めて1個10ペンスで売り、その収益は1343年に建設されたマートンのティンバーフレームの教会の維持費になった。この教会は、偉大なオークに比べれば、ほんの550歳程年下である。

マートンのオーク、1900年頃

マートンのオーク、1940年

マートンのオーク、2013年

北半球——イングランド

ダーリー・デールのイチイ

❖ダーリー・デール、ダービシャー州、イングランド

　ダービシャー州には数多くの古木があることで知られている。中でもチャツワース公園には、木の頂上部の枝が枯れた数本の美しいオークがある。しかし、ダービシャー州の古木の中で、最も古く、おそらく最も威厳のあるたたずまいを見せるのは、ピーク・ディストリクトの南東の端に位置するダーリー・デール村の木だろう。

　この木はセイヨウイチイ（*Taxus baccata*）で、12世紀に建てられたセント・ヘレンズ教会の庭に立っている。しかし、この木は教会が建設された時期より少なくとも1000年前からそこに生えていた。この木が誕生した頃からずっと、この土地には宗教的に重要な意味があり、この木を中心にして2000年にわたる風習と儀式が受け継がれてきた。これを裏づけるように、教会の内陣への入口の横にローマ時代の骨壺のふたが見つかった。ローマ人は、おそらく彼らが侵入する前から神聖視されていたこの土地を奪ったのだろう。イチイは、その再生力と長寿が尊ばれて生命の樹と呼ばれ、ドルイド教の司祭はイチイの木立の中で礼拝を捧げたと言われている。ローマ人の詩人ルカンは彼らの風習に衝撃を受け、「すべての木に人間の血潮が撒き散らされ」、「鳥さえもとまるのを恐れる」と述べている。教会の内部にはケルトの豊穣の女神であるシーラ・ナ・ギグの彫刻がある。キリスト教が根を下ろすと、このイチイは永遠の生命のシンボルとなり、昔の風習は忘却のかなたに追いやられた。

　セント・ヘレンズ教会のあるチャーチ・レーンは、1635年にひとりの行商人が殺されてからゴースト・レーンと呼ばれていた。教会の壁には、ハンセン病患者が外から礼拝に参加できるように、祭壇遙拝窓が開けられている。墓石には18世紀半ばにフランスから逃れてきたユグノーによる墓碑銘が刻まれていた。これらのものがすべてダーリー・デールで暮らす人々の生と死を見届けてきたのである。18世紀に、ウィリアム・レイ牧師は教会の正面に日時計を設置し、教会に来る人々に時間を大切にするように説いた。彼の考えでは、教会に来る人々はイチイの下でうわさ話に興じる時間が長すぎるからだった。

　子供たちが教会の壁や屋根に登る足がかりになっていた枝が、19世紀初めになくなったが、それ以外の点では、イチイそのものはほとんど変わっていない。現在の幹回りは8.31メートルで、当時よりほんのわずか太くなった程度である。

汝の崇高なるイチイ、ものみな移ろいゆく年月に緑の笏を手にした君主。この木もまた身を隠すことはできず、汝のごとく、見るは木陰に埋葬された幾千の人々。聞くは長の年月、すすり泣きと心揺さぶる嘆き。墓が閉じられる前の別れの痛み。飲むは悲しみの涙。

——『随想（*Reflections*）』、ジョン・ギズボーン、1833年

ダーリー・デールのイチイ、1920年頃

ダーリー・デールのイチイ、2013年

ドルイドのオーク

❖ バーナム・ビーチズ、バッキンガムシャー州、イングランド

自然保護区のバーナム・ビーチズはスラウの町の「至宝」であり、穏やかなオアシスであり、ヨーロッパ最大の民営産業地区であるスラウ・トレーディング・エステートの対極に位置するものである。ここは昔のイングランドの姿を今にとどめるスナップ写真のようなものだ。この実用的な森林では、木は薪を収穫するための日用品だった。たくさんの木材を手に入れるため、木を低い位置で切り、そこからの芽生えを利用する萌芽更新と呼ばれる剪定作業が行なわれた。それによって木の再成長を促し、寿命を効果的に延ばしたのである。石炭が燃料として薪に取って代わると、ロンドンのシティの行政を管轄するシティ・オブ・ロンドン自治体が、ロンドン市民の「安らぎと喜び」のために1880年にこの地域を購入し、バーナム・ビーチズを開発業者の斧から守った。

この森は、ねじ曲がってうつろなブナの老木が数多く生えていることで有名だが、実際にこの森で最も古いのは、ドルイドのオークである。それはきわめて大きなヨーロッパナラ（Quercus robur、アカガシワ）の古木で、幹回りは8.9メートルあり、樹齢は少なくとも800年か、おそらくそれ以上だと考えられている。

ドルイドのオークの名がヴィクトリア朝になってからつけられたのは、ほぼ間違いない。その頃は休日や行楽の習慣が一般化し、大昔の黄金時代に対するロマンチックな空想が世間の関心を集めた時代だった。

実際には、ドルイド教徒はこの木が芽を出すよりおよそ1000年も前の61年に、ローマ軍総督スエトニウスの率いる軍によってアングルシー島でほとんど皆殺しにされている。それでもなお、この名前ほどこの木にふさわしいものはないだろう。ドルイドの伝承は後世にあまり多くを語ろうとしないが、カエサルもプリニウスも、ドルイドの宗教的な儀式について当時観察した内容を記録しており、プリニウスは「聖なるオークの荘厳な木陰をドルイドがさまよう」と書いている。

イギリスには他にもランカシャー州のケイトンやノーサンプトンシャー州のサルシー・フォレストに「ドルイドのオーク」と呼ばれる古木がある。ドルイドという言葉自体が、オークを意味する古語のdrysと、「わかる」という意味のインド・ヨーロッパ祖語のwiedに由来すると考えられている。つまりドルイドは「オークの知恵を持つ人」という意味であり、バーナムの最も崇拝される木にふさわしい名前と言えるだろう。

ヤドリギを採るドルイド教の儀式、1914年頃

ドルイドのオーク、1910年頃

> ドルイド——彼らはこの魔術師たちをそう呼ぶ——は、オークとそれに寄生するヤドリギを何よりも神聖視する。
>
> ——『博物誌（Natural History）』、大プリニウス、1世紀

ドルイドのオーク、2013年

北半球——イングランド | 033

マジェスティ

❖ ノーニントン、ケント州、イングランド

フリードビルのグレート・オーク、ジェイコブ・G・ストラット画、1840年

ジョン・プラムツリー殿の屋敷の正面近くに、マジェスティ、ステートリー、ビューティ(中略)などの名前がつけられたオークの木立がある。おそらく同じオークの中でも、これほど見事なものはあるまいと思われる。洗練された生活の安全と優雅さを保ちながら、見る者の心を震わせ、静まりかえった森林の開放感と荘厳さを何よりも感じさせる。
──『イギリスの高木林(Sylva Britannica)』、ジェイコブ・G・ストラット、1824年

マートンのオークはイギリス最大の幹回りを誇っているが、フリードビル・パークの私有地に生えている1本の木はイギリス最大の処女のオーク、すなわち一度も萌芽更新のために切られていない木で、自然のままの樹冠が高くそびえている。

このヨーロッパナラ(Quercus robur、アカガシワ)の巨木は、森の中の空き地に隠れるように生えている。マジェスティ(威厳)という名にふさわしい姿で、幹回り12.2メートル、高さ18.8メートルの幹は、上までずっと中空になっている。地元の歴史家クライブ・ウェッブは、子供の頃、この木に登って中の洞に入り、空を見上げたことがあるという。

この木が最初に文献に登場したのは1793年で、そのときは幹回り9.5メートルと記録されている。それから現在までに2.7メートル大きくなった。マジェスティの樹齢は多くの場合500年から600年と推定されているが、1554年にはすでにキング・フリードビル・オークとして知られる成木だったという記録を考え合わせると、もっと古い木だと考えてもよさそうである。特に本書で取り上げた他のオークの古木と比較すると、そう考えて間違いないように思える。

マジェスティはフリードビル領地の森林の空地を美しく飾っている。この領地は1066年のノルマン征服後、ウィリアム征服王の悪名高い弟であるオド司教を皮切りに、何人ものノルマン人貴族の手に渡った。この領地は地の利がよく、当時の主要な南東部のふたつの港、ドーバーとサンドウィッチから等距離に位置していた。

1746年までに、マーガレッタ・ブリッジズがここに新しい屋敷を建てた。4年後に彼女はジョン・プラムツリーと結婚し、この地所はその後もプラムツリー家が所有しつづけた。しかし、屋敷は第二次世界大戦中に軍隊に接収され、その後の火災で焼失した。マジェスティはこの災害を生き延び、その木陰からかつての屋敷跡を見ることができる。

マジェスティは1789年に2本の主枝を、そして1926年にもう1本を失い、ぱっくりと開いた大きな穴から内部の洞が覗けるようになった(右頁)。もっと最近の2012年には、Vの字をふたつ重ねたような形の枝が落ち、まるで大きな松葉杖のように幹にもたれかかっている(下)。

暗い嵐の夜には、この地所にホワイトホースと呼ばれる馬の幽霊が雨宿りの場所を求めてさまよい出るという。雨宿りならマジェスティをお勧めしたい。堂々としたオークの巨大で豊かな枝ぶりは、身を寄せるのに格好の場所だ。それ以上に居心地のいい避難所はとうてい見つからないだろう。

マジェスティ、2014年

マジェスティ、2014年

ハロルドのイチイ

❖ クローハースト、イースト・サセックス州、イングランド

　クローハーストのセント・ジョージ教会の庭に、巨大なセイヨウイチイ(Taxus baccata)の古木が立っている。おそらくサセックスで最古の木であり、サリー州クローハーストのイチイの大木と混同されることがあるが、この木自体が歴史的な由緒のある木である。

　771年にマーシアの王オファがセルジーの司教に土地を与え、この司教は感謝をこめてそこに初期の教会を建設した。この領地は最終的に、イングランド最後のサクソン人の王ハロルドに受け継がれた。1066年のヘイスティングズの戦いの数年前のことである。ウィリアム征服王はイングランドのエドワード証聖王から次の王位を約束されていたと述べ、自分には正当な王位継承権があると主張した。しかし王位継承者の決定権を持つのは、エドワードではなかった。当時の法律では、その名誉は貴族と司教の会議であるウィタンに委ねられていたからである。ウィタンが選んだのはハロルドだった。エドワード証聖王も死の間際にハロルドを次の王として推したと言われるが、ウィリアムは引き下がらず、イングランドを手中に収めるため、ノルマンディから英仏海峡を渡った。

　ウィリアムはクローハーストの町を完膚なきまでに叩きのめし、町の代官が財宝のありかを白状しなかったので、ハロルドのイチイで彼を絞首刑にしたと言われる。しかし、ウィリアムは近隣のバトルの町には手を出さなかった。

　地元の歴史家ニック・オースティンは、ヘイスティングズの戦いの本当の戦場はクローハーストで、従来戦場とされていた数キロメートル離れたバトル修道院ではなかったという説を唱えている。バトルの地形は当時の資料に記録された描写に合わないが、クローハーストは一致するというのだ。最も有名な資料はバイユー・タペストリーで、そこにはウィリアムの軍勢が目前に迫っていることを告げられるハロルドの横に、1本の木が描かれている。オースティンはこれがまさにハロルドのイチイだと述べている。しかし、この見解はバトルの史跡を所有している歴史的建造物保護団体のイングリッシュ・ヘリテッジ(English Heritage)から激しい反論を浴びている。

　オースティンはバイユー・タペストリーに描かれたもう1本の木を、『アングロサクソン年代記』に記された「灰色のりんごの古木」だと指摘する。1075年頃に書かれたウィリアム・オブ・ポワティエの記録によれば、戦いの火蓋はこのリンゴの木のもとで切られた。この木のそばの野原は、今も「アップルツリー・フィールド」の名で知られている。

ノルマンディ太守ウィリアム[後にイギリスを征服したウィリアム1世]は、ミカエル祭[9月28日]の前日、[イングランド南東部の旧州サセックスの]ペヴェンシーに侵入した。そして、準備が整うとすぐ、彼らは、[同サセックス州東部の港市]ヘイスティングスに城を築いた。このことは、間もなく王ハロルドに知られた。そこで、ハロルドは、大部隊を召集し、彼を迎え撃つために、灰色のりんごの古木のところに来た。ところが、ウィリアムは、王が住民の動員を終わらないうちに攻撃してきた。しかし、それにもかかわらず、王は、王に従うことを選んだ者たちとともに激しく戦った。そこでは、両軍に大量の死者が出た。王ハロルド、王の兄弟太守レオヴウィネおよびレオヴウィネの兄弟太守イルス、そして、多くの善良な人々がそこで殺された。しかも、[ウィリアムの]フランス軍は、その戦場を制圧していた。
——『アングロサクソン年代記』(大沢一雄訳、朝日出版社、2012年)、9世紀

　私たちはクローハーストの教会の庭に生えているクローハーストのイチイのところに行った。

バイユー・タペストリー。ハロルドがウィリアムの進軍を知らされる場面。彼の右側にイチイの木がある。

ハロルドのイチイ、2013年

北半球——イングランド

そのイチイは修道院跡の近くにあり、イーヴリン［イングランドの作家、造園家。1620-1706年］の時代には幹の直径がおよそ3メートルあった。今では幹はうつろだが、荘厳な樹冠を茂らせている。
——『イギリスの森林の木（*A History of British Forest Trees*）』、ジョン・セルビー、1842年

このイチイが1066年の出来事を目撃した後も生きつづけてきたのは疑いがない。樹齢は1250年から2000年の間と推定されている。幹は裂け、中空で、枝は近くの墓地を越えて広がっている。この木は枝が地面に着いたところからふたたび根を張っている。教会の敷地に生えている木としては、これほど枝を伸ばせたのは珍しい。たいていは伸びすぎた枝は「整え」られてしまうからである。計ってみると、幹回りは8.98メートルあった。1680年に好古家のジョン・オーブリーが計ったときは8.2メートルだったので、333年間でわずか80センチ、年間2.4ミリしか成長していないことになる。イチイの成長速度の遅さと長寿がここに表れている。

クローハーストという地名は、おそらく古英語であるアングロサクソン語の「Crohha-hyrst」に由来するのだろう。「樹木の繁った湿地」という意味である。1378年にこの村で200本のオークが切り倒され、百年戦争で傷ついたライの町の砦の修復に使われた。

1412年にヘンリー4世がこの領地をサー・ジョン・ペラムに下賜し、その後、彼が現在の教区教会を建て、おそらく新たに2本のイチイを植えた。こ

クローハーストの「若い」イチイ、2013年

のイチイは今も教会の庭に立っている。樹齢600年の美しい古木で、幹回りは5メートルある。

余談だが、ハロルドが矢に目を射抜かれて死んだという有名な逸話が本当なら、その矢を放ったノルマン人の弓は、間違いなくイチイで作られていたことだろう。

クローハースト、1903年。ハロルドのイチイが左に見える。中央の大きなオークは、今はもうない。

ニンフィールドのイチイ

❖ニンフィールド、イースト・サセックス州、イングランド

ニンフィールドのイチイ、1910年頃

敵を迎え撃つために、王は丘を登り、両翼を身分の高い者たちで固めた。王は丘の頂に紋章入りの旗を立て、他の軍旗も立てるように命じた。兵士はみな馬を降り、馬を隊列の後方に残して持ち場に立ち、戦いのラッパを吹きならした。
──『ヘイスティングズの戦いの歌（Carmen de Hastingae Proelio）』、アミアンのギ司教の作とされる詩、1067年頃

ウィリアムはクローハーストを焼き尽くすと、西に向かってニンフィールドに行き、アングロサクソン人の領地を破壊しつづけた。クローハーストと同様に、ニンフィールドにも1本のセイヨウイチイ（*Taxus baccata*）の古木がある。その木は8世紀からその地にあったセント・メアリー教会の庭に生えている。

ウィリアムが軍旗を立てたと言われるのはこの場所で、この教会の近くの小高い丘には今も「スタンダード・ヒル」の名が残っている。天気が良ければその丘から海を見渡すことができる。アングロサクソン人は、見晴らしの良いこの場所からウィリアムの軍勢が押し寄せてくるのを見たかもしれない。

教会の記録によれば、1675年にこのイチイの枝でエドワード・カートライトという人物が首を吊ったという。そこで命を断ったのは2人目で、彼は教会から遠く離れた十字路に埋葬された。中世では、自殺者はそのようにして葬られるのが普通だった。

地面の高さでの幹回り5.37メートルという数字のせいで、この木の本当の樹齢は誤解されているかもしれない。1世紀の間を置いて撮影された写真を見るとわかるとおり、木の外皮は1987年の大嵐などで剝がれて、ほぼ完全になくなっている。幹の中で新芽が伸びてこの木は現在の形になったが、もとの形はほぼそのまま受け継がれている。

ニンフィールドのイチイ、2013年

スランゲルナウのイチイ

❖コンウィ、ウェールズ

ウェールズ北部にあるスランゲルナウ村のセント・ダガイン教会の庭には、ウェールズで最も古い3本の生きた木のうちの1本がある。それは古いセイヨウイチイ（*Taxus baccata*）の雄株で、幹回りは根元近くで10.36メートルある。樹齢は3000年から4000年と推定され、すぐそばにある13世紀の教会より数千年も前からそこに立っている。ウェールズのその他の2本の古木、デバンノグとディスコイドのイチイとともに、北部ヨーロッパ最古の生きた木の称号を、スコットランドのフォーティンゴールのイチイと争っている。

教会が長方形の境界線を設けるまで、もともとこの土地は丸い形をしており、高地にあるため周囲の丘陵地帯を広く見渡すことができた。青銅器時代の聖地には最もふさわしい場所である。少なくともアングロサクソン時代までさかのぼるふたつの直立巨石が教会の南側に立っているが、イチイの木とともにキリスト教的秩序の中に同化させられている。異教徒の民衆をすみやかにキリスト教化するために、こうした同化策が長い間とられてきた。しかし、古代の風習が禁止されてから500年たっても、1789年まで教会の庭で村祭りが開かれていたという記録が残されている。

このイチイの幹の大部分は大昔に腐ってしまい、現在では4本の木が立っているように見え、その1本ずつがイチイの成木の大きさがある。1990年代の初めから、1994年にアレン・メレディスが『イチイの古木名鑑（*Gazetteer of Ancient Yews*）』を発表してこのイチイが世界に注目されるまで、この木は教会のオイルタンクの置き場所になっていた。古い木部のほとんどはこのタンクを設置するために取り除かれたと考えられており、そのせいで正確な樹齢の測定がさらに難しくなった。

ひとりの地元の女性が、このイチイの木の幹の1本が家族の墓参の邪魔になると苦情を言った。その幹を切ってほしいという要望は認められたが、この木の歴史的重要性を聞いて、この女性は墓石を別の場所に移すことにした。この思いやりによって、イチイの残された4本の幹は切られずにすんだ。

スランゲルナウの伝説には、この土地の異教徒の言い伝えが色濃く残っている。毎年ハロウィンの日になると、

スランゲルナウのイチイ、2012年

スランゲルナウ教会、1920年頃

これから1年以内に死ぬ人間の名前を記録天使のアンジェリスターがこのイチイの枝の下で告げるというのである。

ある年のハロウィンに、地元の仕立屋ノス・グラン・ゲイア、通称ション・ロバートが、そんな言い伝えは出まかせだと証明するために教会に行って、自分の名前が告げられるのを聞いた。彼はその年の終わりまでに死んだという。

ション・ロバートと呼ばれていたこの男は、真夜中になる少し前に教会に行き、精霊が「ション・アブ・ロバート」と彼の名前を唱えるのを聞いて震え上がった。「待ってくれ！」とこの仕立屋は言った。「まだ死にたくない！」しかし、何と言われようが死の使いには関係なかった。その年、仕立屋は死んだ。
——『ウェールズの民間伝承（*Welsh Folk-Lore*）』、イライアス・オーウェン、1887年

スランゲルナウのイチイ、2012年

ポントバドグのフユナラ

❖ ポントバドグ、レクサム、ウェールズ

ポントバドグのフユナラ (Quercus petraea) は、ウェールズで最も大きく、最も古いフユナラで、幹回りが12.9メートルもある巨大な木である。イギリスのフユナラの中でも最大の部類に入り、推定樹齢1200年という最古の木のひとつでもある。

グウィネズの王、カナン・ディンダイスイが王国を死守するために不利な戦いを続けていたとき、この木は根づいたばかりだった。816年に王の兄弟のハウェルがたび重なる戦闘を経てカナンを廃位し、追放した後、この木はハウェルのものになった。

マーシアのオファ王は有名なオファの堤防をポントバドグからわずか数キロメートル東に離れた場所に築いた。この堤防は「海から海まで」全長240キロメートルあまりも続く土塁である。796年にオファが死んだ後、コエンウルフ王の治世でマーシア王国はグウィネズに一時的に侵攻し、ハウェルの領地をアングルシー島まで縮小させた。しかし、それからまもなくウェセックスの王エグバートがコエンウルフ王の後継者であるベオルンウルフを825年に破り、ウェセックスが覇権を確立した。

ヘンリー2世がウェールズへの侵略を企て、王の家臣が1165年に軍隊の通過を容易にするためにケイリオグ森林を伐採した後も、ポントバドグのオークは生き延びた。イングランド軍はポントバドグから数キロメートルたらずの場所でウェールズの英雄オワイン・グウィネズの急襲を受け、クローゲンの戦いで敗北を喫し、ヘンリー2世はウェールズから退却せざるを得なかった。クローゲンの戦いが起きた場所に、ヨーロッパナラ (Quercus robur、アカガシワ) の古木が立っている。この木は幹回りが9.61メートルあり、最近になってふたつに裂けた。この木が「死者の門のオーク」と呼ばれるのは、戦死した兵士の遺体がすぐそばの野原に埋葬されているからだ。この野原はそれ以来一度も耕されたことがないと言われている。

ポントバドグのフユナラは、1329年から1947年までのケイリオグ・バレーにおける粘板岩採石業の興隆と衰退にも耐えて生き延びたが、2012年の長い冬と積雪には勝てなかった。この木は根が浅かったことが災いして、2013年4月17日の大風で倒れた。こうして、ウェールズで最も長生きなフユナラとして君臨した時代は終わりを告げた。この出来事は地元の多くの人々に喪失感を与えたので、所有者は幹の一部に彫刻をほどこして、村のために記念碑として残した。イギリスで古木の保護活動をしているエンシェント・ツリー・フォーラム (Ancient Tree Forum) がこの木を挿し木にして育てることに成功したので、この木の遺伝子は今も受け継がれている。

ポントバドグのフユナラ、1935年頃

ポントバドグのフユナラの倒れた幹、2013年4月18日

> 木々は戦いに不慣れだったが(中略)戦いの末に勝ち取った偉大な玉座について、最も秀でた者であるオークは、他の支配者たちの前で誉めたたえられた(中略)襲いかかるオークの前で天も地も震えた(中略)
> ——『木々の戦い(Cad Godden)』、タリエシン、14世紀

かつてはうつろな幹の中に6人が入れる広さがあった。2012年

デバノングのイチイ

❖ デバノング、ポウイス、ウェールズ

デバノングのイチイ、2014年

スコットランドのフォーティンゴールのセイヨウイチイ（Taxus baccata）は、樹齢5000年と考えられ、何世紀もの間、ヨーロッパ最古の木として崇められてきた。ところが2014年7月、イギリスの全国紙のいくつかが、ウェールズのポウイス・カウンティのブレコンビーコンズ国立公園にあるほとんど無名の1本の木が、最古の木の称号を奪うかもしれないと報じた。

一見すると、デバノング村のセント・サイノグ教会の庭には4本のイチイの古木があるように見える。教会の南側にある木は幹回りが7.85メートル、東側の木は7.29メートル、そして北側の2本のうち、片方の幹回りは6.45メートルある。その隣に、4本の中で最大の木が立っている。その根元の幹回りを計ってみると10.2メートルあった。

アレン・メレディスとジャニス・フライの研究によって、北側のこの2本のイチイは1本の木だった可能性があり、だとすれば樹齢はこれまで考えられていたよりもはるかに古いかもしれないことが明らかになった。ロスリン森林研究所でこの木の枝を調べてみると、2本の木のDNAはまったく同一であることがわかり、これらは1本の木だという考えが裏づけられた。メレディスとフライは、この2本は実際には1本の古木が裂けて別々に成長したもので、樹齢は5000年以上だと考えている。作家で環境活動家のデーヴィッド・ベラミーが古いイチイの保護活動のために主宰しているユーツリー・キャンペーン（Yew tree Campaign）という団体も、この意見を支持している。1875年に、当時のブレコンの統監［イギリス国王が任命した各州の軍事・行政責任者］が「目を見張るような1本の木」と書いており、上空から見ると（左上の写真）、実際に2本の幹はひとつの巨大な緑の屋根を作っているように見える。

セント・サイノグ教会は、ブレコンの軍人王ブラハン・ブラヘイニオグの長子である聖サイノグによって473年頃にデバノング村に建設され、建設者である聖サイノグに捧げられた。サイノグは492年に略奪者であるサクソン族によって殉教者となった。この教会にはヴァイキングの時代にさかのぼるルーン文字が刻まれた洗礼盤や、オガム文字で「ヴェンドニウスの息子、ルグニアティス」と刻まれた墓石がある。

ヨーロッパの樹木の年代測定が難しいのは、幹が腐って中心部が失われる性質があり、年輪を使った分析ができないからである。このため、メレディスとフライの説に疑問を投げかける専門家もいる。この土地は新石器時代から神聖な場所で、メレディスとフライは、この木は青銅器時代の埋葬場所を記念するために植えられた聖なる木だと主張した。彼らが正しければ、デバノングのイチイは少なくとも5つの宗教と数千年の時を生き抜いたことになる。

デバノンクには現在、目を見張るような1本のイチイと、同じ種類の木が他に2本あり、どれも周囲を柵に囲まれている。

——ブレコン統監ジョゼフ・ラッセル・ベイリーの覚書、1875年

左：セント・サイノグ教会のローマ時代の墓石、2014年
右：セント・サイノグ教会のヴァイキング時代の洗礼盤、2014年

デバンノグのイチイ、2014年

北半球——ウェールズ | 045

ノアスコーウン

❖ イェーヤスプリス、デンマーク

軍船はみな恐ろしげな竜の首で飾られ
獰猛で貪欲な獣が
舳先から猛々しく口を開いている。
船の腰板には磨き上げられた盾がうろこのように輝いている
──『ヘイムスクリングラ（Heimskringla）』スノッリ・ストゥルルソン、1225年

ヴァイキングのロングシップ。フランス海事協会（French Maritime League）、1908年

「北の森」を意味するノアスコーウンは、シェラン島北東部の半島に位置する小さな町イェーヤスプリスの近くにある。ほとんどがオーク、ブナ、カバノキからなるデンマークの原生林が、ここには広い範囲で残されている。この森は王室の狩猟用の森林として、すでに13世紀から保存されてきたが、当時は今よりもかなり広かった。この森から南に下ったイェーヤスプリスに離宮を建設したデンマーク国王の行楽地だったのである。

この地域には、新石器時代から木材を切り出していた形跡が残っている。その頃は野生のイノシシやクマ、ヤマネコが森を闊歩していた。クリスチャン4世（在位1588-1648年）の治世には多数のオークが伐採され、コペンハーゲンで造船に使われた。しかし1800年頃になって、森林の保護と植樹を義務づける法律が制定された。この森は現在も林業に利用され、一部は近年になって針葉樹の植林が進んだ。しかし、原生林は1920年から保護されている。

9世紀にヴァイキングの戦士はこの地から商業と冒険を求めて船出し、イングランド、北部ヨーロッパ、ロシア、そしてバルト海周辺地域をたやすい獲物とみなして略奪の限りを尽くした。

彼らはロングシップに乗って航海した。これは遠洋航海ができる100人乗りの大きな船で、帆とオールの力で進んだ。船体は軽く、喫水線が浅いため、そのまま海岸に船をつけて、川や水路を通って内陸に侵入できる。機動力は抜群だった。この船は、主にスカンジナビアの広大な森から切り出されたオークの板を鉄のリベットで固定して作られた。

1962年に、イェーヤスプリスからわずか10キロメートル南東のロスキレ・フィヨルドで5隻の船の残骸が発見された。スカルデレフ船と呼ばれるこれらの船は、2隻のロングシップ、2隻の貿易船、そして1隻の漁船で、互いに結びつけられ、石を詰めこまれて、海上交通を封鎖する目的で故意に沈められたのである。ヴァイキングの侵略者集団は組織的な艦隊を組んで遠征したが、その略奪欲は祖国周辺でも荒れ狂ったようだ。

ねじれたオーク、2013年

コウノトリのオーク、1914年

う呼ばれ、幹回りは10.15メートルある。この木は1981年にハリケーンで樹冠を折られて枯れてしまった。朽ちたうつろな幹が、見事だった昔日の姿をしのばせている。その近くには、幹回り9メートルの「ねじれたオーク」の名残が立っている。1991年に枯れてしまったが、その姿はねじれた体から腕を突き出してもがく亡霊の像のようだ。今はヨーロッパアカヤマアリの大集団が住みついている。この木は、ねじれた幹のおかげで伐採を免れたのだろう。

この森では大きなヨーロッパブナ（*Fagus sylvatica*）もよく見られ、幹回りが5メートルを超えるものも何本かあった。しかし、何といってもノアスコーウンの主役は、3本のオークのうち最大で、デンマーク最古の木、王のオークである。

放射性炭素年代測定法と年輪年代学によって、これらの船の木材は1030年から1040年の間のものだということがわかった。スカルデレフ船は、1060年代にデンマークの当時の首都ロスキレの防衛のために沈められた。おそらくノルウェー王ハーラル3世が1064年にデンマークの海岸地域を襲撃したため、防御を固めたものと思われる。襲撃の2年後の1066年に、ハーラル3世はイングランドでスタンフォード・ブリッジの戦いに臨み、ハロルド2世に敗れて戦死した。5隻の船のうち最大のものは、アイリッシュ・オークを用いてダブリンで建設されたものであることがわかった。一方、小型のロングシップと貿易船は、デンマーク東部で伐採されたオークで建造された。

ヴァイキング船博物館を建設中の1997年に、さらに9隻の船が発掘された。その中のロスキレ6と呼ばれる船は全長32メートルで、これまでに発見されたヴァイキング船の中で最も長い。この船は1025年以降にデンマーク産のオークで建造された。

ノアスコーウンには3本の有名なオークの古木がある。そのひとつであるコウノトリのオークは、以前その枝につがいのコウノトリが巣を作っていたのでそ

コウノトリのオーク、2013年

北半球──デンマーク | 047

王のオーク

❖ ノアスコーウン、イェーヤスプリス、デンマーク

王のオークは、長らくデンマーク君主の離宮として利用されていたイェーヤスプリス城を、1854年に私的な生活の場として受け継いだフレデリク7世にちなんで命名された。

このヨーロッパナラ（Quercus robur、アカガシワ）の公式に推定された樹齢は、1400年から1900年の間とされている。だとすれば、この木はフレデリク7世の死後も生き延びたばかりでなく、この王の治世より前、それどころかヴァイキング時代（800－1100年頃）のあらゆる王の治世より数世紀前から生きていたことになる。王のオークは、初期のヴァイキングが活躍していた時代に重要なランドマークとして立っていた。ヴァイキングはオークがしばしば雷に撃たれるのを見て、オークを雷神トールに結びつけて考えた。そのため、家を落雷から守るお守りとして、オークのドングリを窓辺に置く風習があった。

王のオークはロスキレ・フィヨルドの海岸からわずか150メートルの場所に立って、海岸と森を隔てる湿地越しに、ロングシップが船出しては帰ってくるのをつぶさに見ていた。面白いことに、このオークは1842年になってようやく地元の林業者によって再発見された。

この木の幹回りを計ってみると、地上1メートルの高さで10.3メートルあった。幹の大部分は朽ちてしまい、1973年には、オークの成木ほどの太さがある主枝が折れた。最盛期には、この木の幹は私が計測した太さの2倍はあっただろう。この木の昔の大きさを推定して、その太さを示すために石が丸く並べて置かれている。

このオークは今も生気にあふれた樹冠を茂らせている。私が訪れた9月半ばには、ドングリはひとつも見つけられなかった。しかし、オークの古木、特にこれほど老齢に達したオークは、たまにしか実をつけないものである。

王のオークは保護のために柵で囲まれているが、ノアスコーウンは自然のままに放置され、しだいに原生林に戻りつつあるように見える。この偉大なオークは、数千年にわたってこの森の変化を見届けてきた。スカンジナビア半島周辺地域のオークの長老のような存在であり、ヨーロッパ最古のオークの称号を競う資格を持っている。

> 彼は根を張るオークのように立ち
> 剣士の一撃にも揺るがなかったが、
> 鋭く風を切る矢に射抜かれ
> フィアラルの大地に倒れた。
> ——『ヘイムスクリングラ（Heimskringla）』、スノッリ・ストゥルルソン、1225年

王のオーク、1905年頃

王のオーク、2013年

北半球——デンマーク

デュアヘーウン

❖ イェーアスボー、デンマーク

コペンハーゲンからわずか10キロメートル北に、イェーアスボー・デュアヘーウンという鹿公園がある。10平方キロメートルに及ぶこの公園にはおよそ2100頭のシカが生息し、1756年に一般に開放されて以来、年間200万人を超える人が訪れるデンマーク随一の名所である。

かつてはブナの森として知られていたこの地域は、1669年に王家の狩猟用の森林としてフレデリク3世によって最初に囲い込まれ、国王の私的な鹿公園となった。アカシカが逃げられないように柵で囲った地域に追い込まれ、そこで国王は余暇に狩猟を楽しんだ。

デュアヘーウンには1000本ものオークやブナの古木、老木の他に、ハンノキ、コブカエデ、サンザシが茂る場所もある。枯れた木は、来訪者に危険がない限り、倒れた場所にそのまま放置され、数えきれないほどの生き物や菌類の住みかとなる。その多くはこの独特の環境だけに生息している生物である。ブナの倒木は公園南部の木が密集している場所によく見られ、ところどころで倒れた彫刻のように地面に横たわっている。この公園は北ヨーロッパ最大の放牧林のひとつで、シカが草と若木を食べることによってオークやブナの古木が成長するスペースが生まれ、それらの木が茂るために必要な太陽光が当たるようになる。シカの数はおよそ2100頭に保たれている。それ以上増えれば草や木が食い荒らされ、それ以下では新しく芽吹いた木によって森が過密状態になり、木が成長できなくなってしまう。そのため、夏に生まれる小鹿の数に等しい700頭前後のシカが毎年駆除されて、現在の森の風景が維持されている。

カラスのオーク、2013年

フレデリク3世の息子のクリスチャン5世は父の計画をさらに発展させ、森林をかなり拡大して、犬を使って狩猟ができる広さを確保した。彼はフランス宮廷にルイ14世を訪問した際に、狩猟犬を使う狩りを覚えたのである。まず、犬が雄鹿を追いまわして疲れ果てさせ、一行のうち位の高い者がナイフでそのシカを殺す。公園の北にあるクリスチャン5世のオークは、その一部始終を見ていただろう。このオークは、哀れな獣にクリスチャン5世が王の短剣でとどめを刺したあと、その出来事にちなんで名づけられた。

私がデュアヘーウンを訪れたときは南側から森に入った。その近くには400年前に建設された世界最古の遊園地、バッケンがある。探していたのはカラスのオークと呼ばれる木だ。これは幹回り5.3メートルのオークで、萌芽更新［地表から数メートルの高さで木を切り、切り株から芽生える枝を木材として利用する方法］仕立ての樹形をした、幹のうつろな古木である。今もデュアヘーウンに群がっているカラスにちなんでこの名前がついた。カラスは北欧神話では重要な存在である。フギンとムニンは主神オーディンに従う2羽のカラスで、毎日飛び回って世界のあらゆる出来事をオーディンに知らせる斥候の役目をしている。ヴァイキングは旗や幟や盾によくこの鳥の絵を描き、ロングシップで航海する際には新しい陸地を見つけるためにカラスを放した。もしカラスが戻ってくれば、陸地はまだ遠い。もしカラスが飛びつづけて戻らなければ、彼らはカラスの飛ぶ方向に船を向けた。北欧神話では、ヴァイキングはこの方法でアイスランドを発見したとされている。

私はデュアヘーウンに隣接するクランペンボー競馬場の北の端に沿った小道を、カラスのオークを探して歩いた。馬が競馬場のコースを全力で走る足音が聞こえたかと思うと、驚いたことに騎手のいない馬を先頭に、一群の馬がコースを外れ、砂を敷いた退場用走路をこちらに向かって全速力で駆けてくるのが見えた。先頭の馬が、出口を遮る高さおよそ180センチの金属製ゲートにまっすぐ突っ込んでいくのを私は信じ難い思いで眺めた。閉まったゲートはちょうつがいが外れて吹き飛んだ。アドレナリンが体中を駆け巡っている馬は、叩きつけられるように倒れ、地面の上でもがいた。それからぱっと立ちあがり、危ういところで子連れの夫婦にぶつかりそうになりながら、勢いよく森の中に消えていった。

1763年に、植物学者のヨハン・ゲオーク・フォン・ランゲンの主導でデュアヘーウンの再植樹が実施された。この植物学者にちなんでフォン・ランゲン・プランテーションと名づけられた公園の南東の一角には、現在では樹齢250年に達した多数の成木が見られる。

シグルズはかつてハッディングの墓の上でオーディンのカラスをもてなした。
——『ヘイムスクリングラ（*Heimskringla*）』、スノッリ・ストゥルルソン、1225年

ジョールキレのオーク、2013年

朽ちかけたブナ、2013年

ウルヴスダルのオーク

❖ イェーアスボー・デュアヘーウン、デンマーク

これまでに見てきた有名なオークの他にも、この公園には十指に余るオークの古木があり、その大半が樹齢400年を超えている。

その中でも最大で、最も古く、最も印象的なのは、間違いなくウルヴスダル(オオカミ谷)のオークだろう。この木は氷河に削られてできた谷の中に立っているので、谷の名前にちなんでそう呼ばれている。このヨーロッパナラ(*Quercus robur*、アカガシワ)は、ディエーウルバッケン(悪魔の丘)のふもとの開けた広い土地に1本だけぽつんと立っている。この丘はデュアヘーウンの中で最も高い場所で、トボガンそりで滑り降りる遊び場として人気がある。丘を取り巻くように、さまざまな形をしたねじれたブナが生えている。かつてこの土地にはオオカミが歩き回っていたが、オオカミがずいぶん前にいなくなったあとも、ウルヴスダルのオークは生きつづけている。樹齢は600年から1000年の間と推定され、ヴァイキング時代の終わり頃に植えられたと考えられている。幹は裂けてうつろになり、崩れかけていたが、幹回りを計ってみると10.95メートルあった。王のオークに次いでデンマークで2番目に太く、おそらく2番目に古いオークだが、この木は今も豊かな樹冠を支えている。私が訪れたときには、大きなドングリがびっしりとついていた。幹にはまるで朽ちかけた木に彫刻したかのように、顔のように見える部分がいくつもある。

夏にはこのオークの横でときおり野外劇場が開かれてきた。1910年の第1回目の公演は『ハクバルトとジグネ(*Hagbart and Signe*)』で、作者は国歌を作詞したデンマークの詩人で劇作家のアダム・エーレンシュレーガーである。彼はデュアヘーウンに滞在中、オークの古木に自分の名前を刻みつけたと言われている。

クランペンボー駅の近くに、この公園内で2番目に古い「林業者のオーク」が立っている。800年以上前に植えられたこの木は、幹回りが10.45メートルある。ひとりのカトリック教徒の林業者が、この木の洞窟のようなうつろな幹を訪れてよく祈りを捧げていたことからこの名前がつけられた。

ウルヴスダルのオーク、2013年

ウルヴスダルのオーク、2013年

北半球──デンマーク | 053

クヴィルのオーク

❖ ノラ・クヴィル、スウェーデン

ヨーロッパのオークの分布域の北限にあたるスウェーデン南部のノラ・クヴィル国立公園の近くに、この国最古のヨーロッパナラ（*Quercus robur*、アカガシワ）が立っている。クヴィルのオークと呼ばれるこの木は、ヨーロッパ最大の幹回りの記録を持つ木でもある。

クヴィルのオークが文献に初めて登場したのは1772年で、マグヌス・ガブリエル・クラリウスが『風景描写における随想（*Essay in the Description of a Landscape*）』の中で、この木は地元の農夫の物置小屋だと書いている。クラリウスはこの木の幹回りを13.06メートルと測定した。1926年に幹回りは13.36メートルになっていた。現在は、うつろになった幹の幹回りは15.1メートルという大きさで、高さも同じような数値である。

樹齢は1000年と推定され、この木が今も生きていること自体が驚異である。オークは落雷を受けやすく、そのため、北欧神話では雷神トールと結びつけられている。私は神話に登場するヴォルスング（神々の父オーディンのひ孫）とオークの巨木に支えられた彼の大きな館の物語を思い出した。ヴォルスングの娘シグニューの結婚式に現れたオーディンは、その場に居合わせたすべての人々に腕試しをもちかけた。持ち主に無敵の力を授ける剣を館の中心に立つオークに突き刺し、引き抜くことができた者に剣を与えると宣言したのである。剣はヴォルスングの息子のシグムントが勝ち取った。ヴォルスングの娘婿のシゲイルはこれを妬み、ヴォルスングと彼の10人の息子を罠にかけ、彼らを木に縛りつけて、シゲイルの母親がオオカミに姿を変えて彼らを全員食べてしまった。シグムントだけがうまく生き残り、魔法の剣を振るって復讐を果たした。

住宅建設と造船のためにオークの需要が高まり、1746年にスウェーデンのオークを国有化する法律が制定された。この法律は130年間存続したが、地主の怒りを買っただけでオークを保護する役には立たず、オークの数は減りつづけた。

1960年代までに、クヴィルのオークは樹勢が衰え、幹の空洞化や衰弱が進んだため、朽ちて倒れるのを防ぐために地元の鍛冶屋が雇われて、木の回りに金属製の帯をはめて支えることになった。2005年7月、ある男が、オークが呼吸できなくなっていると主張して金属の帯を取り外した。ある意味では彼は正しかった。金属が木を強く締めつけて、形成層の成長を阻害していたからだ。それより前に、このオークはその年の激しいハリケーン・グートルンの猛威に耐えぬいている。スウェーデンではこのハリケーンで数千本の木が吹き倒された。

クヴィルのオーク、1926年

クヴィルのオーク、2010年

クヴィルのオーク、2010年

　調査の結果、やはり支えは必要だという結論になり、2013年に16本のステンレス鋼のボルトと、ぴんと張った鋼鉄製のケーブルで支えるという方法が取られた。これでクヴィルのオークの寿命が伸びるだろうと期待されている。

　あの忌まわしい黒死病から150年たって、この保養地の最も大きな数本のオークがまず大地から芽を出した。その1本は今も瑞々しく、ボステレッツ中尉のノラ・クヴィル農場に立っている。胴回りが22キュービット［1キュービットはおよそ46–54センチメートル］もある堂々たる木である。今では幹がうつろになり、私は登って木の中に立ってみた。農場の農夫はこの木を物置小屋として使っている。

——『風景描写における随想（*Essay in the Description of a Landscape*）』、マグヌス・ガブリエル・クラリウス、1772年

北半球——スウェーデン ｜ 055

礼拝堂のオーク

❖ アルヴィル゠ベルフォス、ノルマンディ、フランス

礼拝堂のオーク、ジュール・ジャナン画、1844年

北部フランスの中央にあるアルヴィル゠ベルフォス村に、しばしばフランス最古と称される礼拝堂のオーク (Quercus robur) が立っている。地元の伝説によれば、この木は少なくとも樹齢1000年で、少年時代のノルマンディ公ウィリアムが1035年にこの木の根元でひざまずいたと言われている。それからほぼ31年後、彼はイングランドに遠征し、ヘイスティングズの戦いに勝利してイングランド王位を手に入れた。

専門家は樹齢をもっと控えめに見積もって800年と推定しているが、根元の幹回りが15メートルもあるので、伝説の方が正しい可能性はある。樹齢800年という推定によれば、この木は13世紀に若木だったことになる。その頃のフランスはフィリップ2世の治世で、この王は1190年から1223年に亡くなるまでフランスを統治し、この国最初の偉大な王として尊厳王と呼ばれた。

1696年に礼拝堂のオークは雷に撃たれ、燃えて幹がうつろになった。しかし、深い傷を負ったにもかかわらず、このヨーロッパナラ(アカガシワ)は生き延びただけでなく、花を咲かせた。地元の主任司祭アボット・デュ・デトロワと村の司祭のデュ・セルソー神父はこれを奇跡とみなし、この木を聖母マリアに捧げ、うつろな幹の中に祭壇を作ってノートル・ダム・ド・ラ・ペ(平和の聖母)と名づけた。のちにふたつ目の礼拝堂であるシャンブル・ド・レルミット(隠者の部屋)が作られ、そこに登るためにらせん階段がつけられた。

それからほぼ1世紀後、フランス革命のさなかの1793年に、この木はふたたび災厄に見舞われた。怒りで荒れ狂った革命派の群衆がその周辺のブナやリンボクの古木に火をつけ、礼拝堂のオークを権威や教会、そして旧体制のシンボルとして攻撃したのである。村の指導者のジャン゠バプティスト・ボヌールは名案を思いつき、この木に「理性の殿堂」という名札を取りつけた。すると群衆は落ち着きを取り戻し、木は救われた。

1887年に村人たちが礼拝堂をオーク材で内張りし、樹皮が剥がれ落ちたところに数百枚の木製のこけら板を

礼拝堂のオーク、1910年頃

張って修復した。それから1世紀後、さらに修復がなされ、内側からも外側からも金属製の支えを張り巡らして、木が倒壊しないようにした。どちらの時代の修復も、その時代の技術が活用されている。

　礼拝堂のオークは、今日ではテーマ・パークにある方が似つかわしい外見だが、この木がこれほど長生きできた理由は、最初に礼拝堂が作られ、それから観光名所になったことが大きい。何キロメートルも先までずっと耕地化されたこの地域には、他に目立つ特徴のある木は見当たらなかった。その他の注目に値する木は、すべて切り倒されてしまったのである。今でもこの木の幹の中で年に2回ミサが開かれ、毎年8月15日には聖母被昇天祭を祝って巡礼が訪れる。

　礼拝堂のオークは、自然に年老いて朽ち果てることが許されないまま、老体をさらしているように見えるかもしれない。しかし、生き残った枝は今も緑の葉を茂らせ、秋になればドングリが豊かに実る。

礼拝堂のオーク、2009年

ロバンのニセアカシア

❖ パリ、フランス

パリにはパリ植物園を中心に、多数の見事な木が見られるが、この都市で最も古い木は、ノートルダム大聖堂の向かい側の、セーヌ川左岸のサン・ジュリアン・ル・ポーヴル教会に近いルネ・ヴィヴィアニ・モンテベロ広場にある。

この木は1601年にアンリ4世の宮廷庭師だったジャン・ロバン（1550－1629年）によって植えられたニセアカシアである。ロバンはニセアカシアの原産地である北アメリカ東部から種を取り寄せ、苗を育てた。彼の名はこの木の学名（*Robinia pseudoacacia*）に残されている。ニセアカシアをヨーロッパに広めたのはロバンの功績で、この木はヨーロッパ大陸の広い範囲に定着した。

ロバンのニセアカシアは高さ11メートル、幹回りが3.5メートルある。樹皮には深くしわがより、うつろな幹は少なくとも1世紀前から大きく傾いている。現在はコンクリート製の2本の支柱で支えられ、その一部は木にからみつくツタで目隠しされている。

ルネ・ヴィヴィアニ・モンテベロ広場は、何世紀もの間、宗教的に重要な場所だった。この場所には6世紀からメロヴィング朝［フランク王国最初の王朝。481－751年］のバシリカと墓地があり、その後、1165年から1250年の間に現在の教会が建設された。この教会自体がパリの修道院建築として最古のもののひとつである。フランス革命（1789－1799年）中、この教会は危ういところで破壊を免れ、19世紀半ばに修復された。教会が破壊されていれば、ロバンのニセアカシアも間違いなく生き残れなかっただろう。この木はスペインとイタリアからパリに通じるふたつの重要な古道の終着点に立っている。

第1次世界大戦中に、このニセアカシアは砲弾による衝撃で上部の枝を失った。しかしその後も枯れることなく、毎年夏にかぐわしいクリーム色の房状の花を咲かせている。

人々で賑わう広場の中で見過ごされがちだが、この木は、木の幹に見えるように表面が加工されたコンクリートの柱で支えられ、クリの木の枝を格子状に編んだ手作りの柵で囲まれている。柵の上には木を取り巻くようにベンチがある。都会の喧騒を逃れて一休みするには最高の場所である。

成長の遅い木は最高の実をつける。

——モリエール（1622－1673年）

ロバンのニセアカシア、1910年頃

ロバンのニセアカシア。奥にノートルダム大聖堂が見える。2013年

北半球──フランス

フォンテーヌブローの森

❖ イル・ド・フランス地域圏、フランス

パリから5キロメートル南に、220平方キロメートルを超えるフォンテーヌブローの森が広がっている。12世紀半ばにルイ7世がここに別荘と教会を建てて以来、この森は王の狩猟場となり、少なくとも歴代の34人の国王がここで過ごした。ナポレオン・ボナパルトが1814年にエルバ島に追放されるとき、フォンテーヌブロー宮殿で親衛隊に別れを告げたのはよく知られている。

この森は主としてオーク(44パーセント)で占められ、ところどころにブナ、カバ、そして外来種のヨーロッパアカマツが茂っている。ウラジロナナカマドの交配種で、この森固有の珍しいアリジエ・ド・フォンテーヌブロー(Sorbus latifolia)が、この森の他の木々と同様に森林公社によって保護されている。

この森の古い木々は、ここが放牧林として利用され、牛がその下で草をはんでいた時代から生き残ったもので、ヨーロッパの多くの森林とよく似た風景を生みだしている。しかし18世紀初期に牧畜が行なわれなくなると、広い範囲で木々がふたたび生育しはじめた。シカやイノシシは自由に歩きまわっているが、木が密集しすぎて、古い木に十分な光が当たらなくなっている。

木々やヒースの育つ砂地には、見たところ無秩序に多数の巨岩が散らばり、そのいくつかに先史時代の彫刻が残っている。最も古いものは紀元前8000年までさかのぼり、中石器時代にここに人類が居住していたことを示している。

1820年代から1870年代の間に、バルビゾン村で新しい芸術家の一派が誕生した。彼らはフォンテーヌブローの森に入り、美しい自然の景観を描いた。バルビゾン派と呼ばれるこれらの画家のうち、テオドール・ルソー(1812-1867年)、ジャン・フランソワ・ミレー(1814-1875年)、クロード・モネ(1840-1926年)らは印象派への道を開いた。作家や詩人がその後に続き、一時期バルビゾン村で暮らしていたロバート・ルイス・スティーブンソン[『宝島』、『ジキル博士とハイド氏』の著者]は、1876年に『森の随想(Forest Notes)』を発表した。スティーブンソンが滞在していた家には、今も彼の名が残されている。

16世紀のある日、サン・ルイ[ルイ9世]はガティネ地方のビーヴの森で狩をしている最中に、ブローという名前をつけてかわいがっていた犬を見失った。王が非常に心を痛めていたので、宮廷中が犬を探し出そうと大騒ぎになった。聖人であれ凡夫であれ、誰にでもご機嫌取りはいるものである。サン・

シダの中に立つフォンテーヌブローのオークの老木、2013年

バルビゾン村付近のオークの老木、1902年

巨石に囲まれた「叫ぶ」ブナの老木、2013年

　ルイの機嫌をうかがう人々が森を走りまわったおかげで、犬は泉で水を飲んでいるところを発見された。その泉に噴水が作られ、フォンテーヌブローと名づけられた。
──『イラストレーテッド・マガジン・オブ・アート (The Illustrated Magazine of Art)』、1854年

　フォンテーヌブローでは、かつて砂岩が採掘されていた。切り出された岩は、森の北東部をうねるように流れるセーヌ川を利用して容易にパリに輸送することができ、そこで住宅建設材や道路の敷石として使われた。木材利用のための植林は現在も数か所で行なわれ、ところどころで木をすべて切り倒して空き地にした場所がある。現在のフォンテーヌブローの森の主な利用目的はレクリエーションと観光だが、この森は今も林業用の森林であることに変わりはない。これからさらに林業を拡大し、森林の範囲を広げる計画がある。

　美しいブナが、白くまっすぐな密集した枝を上に向かって伸ばしている。ところどころ緑の苔に覆われた枝は、軽く曲げた手のひらから伸びる何本もの指のようにも見える。力強いオークは、優美な網目模様を描く下生えに足元を隠して立ち、すっくと伸びた幹は高みを目指し、がっしりした枝々が織りなす広大な森は金色の夕空に向かって広がっている。空にはヤマガラスが鳴き交わしながら飛んでいる。
──『森の随想 (Forest Notes)』、ロバート・ルイス・スティーブンソン、1876年

北半球──フランス | 061

こんな日には、このオークの下の方が会議室にいるよりも気分がいい。この木の上にかけたまえ、わが忠実な大臣よ。政治の話をしようではないか。

──『フォンテーヌブローのアンリ4世のオーク(The Oak of Henry IV at Fontainebleau)』より、アンリ4世から側近シュリー公への言葉。『イラストレーテッド・マガジン・オブ・アート』、1854年

シュリーのオーク、2013年

シュリーのオーク

❖ フォンテーヌブローの森、フランス

アンリ4世の右腕だったシュリー公(1560-1641年)は、ユグノー戦争が終結すると財務卿に任命され、その後の20年間にわたる相対的な平和と経済的安定の一翼を担った。

歴史のさまざまな記録に埋もれて、シュリー公が樹木の熱烈な愛好家だったことはあまり知られていない。彼は急速に進みつつあった森林の破壊を禁じ、植樹を命じたので、公にちなんで名づけられた数多くの古木がフランス各地に見られる。大通りにポプラの並木や、田舎道にプラタナスを植えるのもシュリー公が始めた習慣だが、彼が主に植えたのはニレで、この木は砲架の材料として価値が高かった。

フォンテーヌブローのゴルジュ・ダプルモンの南を走る大通りに彼の名前がつけられている。このシュリー通りは森の中を通る約3キロメートルの道路で、2本の有名なフユナラ(Quercus petraea)の巨木が道路の左右に250メートル離れて立っている。

この2本のうち大きい方は幹回り5.08メートルで、「シュリーのオーク」という立札が立てられている。しかし、幹回り4.67メートルの小さい方の木は、柵で囲まれてはいるが、何の目印もついていない。ところが、1世紀ほど前に絵葉書のために何度も撮影されたシュリーのオークの写真と比べると、小さい木の方が、立札のある木よりも明らかに写真に似ているのである。

これらの木はシュリーが手ずから植えたわけではないとしても、彼が制定した法令に沿って植えられたのは間違いないと思われる。シュリーがフォンテーヌブローを訪れたのは確かで、画家のフランソワ＝アンドレ・ヴァンサンが1783年から1787年にかけて制作した「フォンテーヌブローのアンリ4世とシュリー」には、森の中でアンリ4世の足元にひざまずくシュリーが描かれている。この絵は現在フォンテーヌブロー城で見ることができる。

この2本の木は森に残された数少ないオークの老木の仲間で、次の世代の若い木々に押されながら、何とか生き延びている。オークは日光が大好きな木で、葉を茂らせるには周囲に空間が必要なのである。

シュリーのオーク、1920年頃

こちらが本来のシュリーのオークかもしれない。2013年

北半球——フランス | 063

シャルルマーニュのオーク

❖ フォンテーヌブローの森、フランス

シャルルマーニュのオークは、樹齢や3.04メートルの幹回りという点では、フォンテーヌブローの森の名だたる木の中では目立たないかもしれない。しかし、このフユナラ（*Quercus petraea*）は、高さの点で群を抜いている。

この木は、かつてバルビゾンから森への主要道路だったマゼット通り沿いにあり、1802年に多数のオークと一緒に植えられたものである。植えられた間隔が狭かったので、これらのオークは太くならず、高く成長した。密集しすぎたこれらの木を間引きしたとき、このオークはその中で一番いい木として残され、2000年に地元の小学生らによってシャルルマーニュ（742-814年）にちなんで名づけられた。シャルルマーニュ［カール大帝とも呼ばれる］はフランク王国の国王で、西ローマ皇帝である。現在はこの木の周囲にブナの若木が育っている。

以前はフォンテーヌブローの町の真北にあたるモントゥーシー山に、「シャルルマーニュとローラン」と名づけられた一対のオークが立っていた。「ヨーロッパの父」と称されるシャルルマーニュと、その伝説的な聖騎士を記念して名づけられた木々だったが、現在では両方とも失われている。「シャルルマーニュとローラン」は、もう見ることができない。残されたシャルルマーニュのオークが長生きすることを祈るばかりである。

シャルルマーニュとローラン、1905年頃

シャルルマーニュのオーク、2013年

ユピテルのオーク

❖ フォンテーヌブローの森、フランス

ユピテルのオーク、1900年頃

フォンテーヌブローの町からわずか3キロメートル西に、この森の最大で最古のオークが立っている。この木はローマ神話の神々の王で、オークを神木とするユピテルにちなんでユピテルのオークと名づけられた。まっすぐ伸びた背の高いフユナラ（*Quercus petraea*）で、樹皮がなくても幹回りは6.25メートルあり、樹齢は600年を超えると考えられている。

100年前は大勢の観光客がこの木を見に訪れ、売店や休憩所、案内板も立っていた。当時の姿が上の古い写真に残っている。

雨の降らない年が3年続いたあと、1994年の夏にユピテルは枯れてしまった。しかし、この木は今も自然が生んだ天然の彫刻としてすっくと立ち、無数の生き物の住みかとなっている。このオークが養う生き物は、この森のどの木よりも多い。森林公社の手厚い保護のおかげで、このオークは優美な晩年を迎えることができた。

ユピテルのオーク、2013年

アメリー王妃の花束

❖ フォンテーヌブローの森、フランス

マリー・アメリー王妃、1860年

フォンテーヌブローの北に面して町を見下ろす急斜面の頂に、フユナラ (Quercus petraea) の巨木が立っている。地上から1.1メートルの高さで計った幹回りは4.25メートルである。

アメリー王妃の花束と呼ばれるこの木は、フランス最後の王妃にちなんで名づけられた。マリー・アメリーは両シチリア王国の国王フェルディナンド1世の娘としてナポリに生まれ、亡命中のルイ・フィリップと結婚した。1830年に起きた7月革命の結果、ルイ・フィリップはフランス国王となった。

マリー・アメリーは政治にほとんど関心を示さなかった。1792年に王政が廃止され、叔母のマリー・アントワネットがギロチンで処刑されたため、革命の再来を恐れる気持ちが強かったのだろう。マリー・アメリーは家庭生活に没頭し、ルイ・フィリップがフォンテーヌブロー宮殿の修復と装飾に莫大な出費をするのを横目で眺めていた。ルイ・フィリップは、2428ヘクタールに及ぶフォンテーヌブローの森に再植樹を進めたナポレオンの事業を引き継いだ。

しかし、マリー・アメリーの不安は現実のものとなり、1848年の革命でルイ・フィリップは退位を余儀なくされた。国王一家はイングランドに亡命し、そこで残りの生涯を過ごした。それからわずか2年後の1850年にルイ・フィリップは亡くなったが、マリー・アメリーは1866年まで生き、88歳で世を去った。

この木は、フォンテーヌブローの町から森の高地に向かって曲がりくねりながら続いているラ・レーヌ・アメリー通りから横道にそれたところにある。途中で大きな砂岩の巨石に取りつけられた森の女王ネモローサの胸像が目に入る。この胸像は、フランスの騎士ルネ・ド・フォンテーヌブローの物語を記念して、1948年にアダム・ソロモンが制作したものだ。1346年にフォンテーヌブローの北東にあるサモワの町がイングランドのエドワード黒太子に包囲されたとき、この騎士は美しい恋人のデリアを守るため、彼女を森の中の洞窟に隠した。ところが彼が戻ったとき、恋人は毒蛇にかまれて息絶えていた。彼は悲しみのあまり岩の上で泣き崩れた。するとその夜、花冠をつけたネモローサが現れ、彼を慰めた。新しい愛が芽生え、ふたりは天に昇って決して離れることはなかったという。

女王の寝室には王妃や皇后が集まっている。 マリー・ド・メディシス[アンリ4世妃]、マリー・テレーズ[ルイ14世妃]、マリー・アントワネット[ルイ16世妃]、ナポレオンの皇后マリー・ルイーズ、そしてルイ・フィリップの王妃マリー・アメリー。この寝室が「5人のマリーの寝室」と呼ばれるのもうなずける。

——「フォンテーヌブロー」、『ブリズベーン・クーリエ』紙、1930年

森の女王ネモローサの記念碑、2013年

アメリー王妃の花束、2013年

北半球──フランス | 067

ジャンヌ・ダルクのセイヨウシナノキ

❖ヴォークルール、フランス

　1429年2月、ジャンヌ・ダルクは生まれ故郷のドンレミから19.5キロメートル南のヴォークルールに赴いた。ヴォークルールの守備隊長ロベール・ド・ボードリクールに国王シャルル7世の謁見を願い出るためだった。フランスからイングランド軍を追い払い、この国をフランス人の手に取り戻すためのジャンヌの遠征に正式な後ろ盾を得るには、それが唯一の手段だった。

　ジャンヌはドンレミの森の聖なるブナの木の下で幻視を体験した。天使が彼女のもとを訪れて、何をすべきかを告げたのである。言い伝えによれば、ヴォークルールに着いたジャンヌは馬をフランス門のそばのセイヨウシナノキにつなぎ、自分は教会の横でセイヨウシナノキの木陰に入って休息を取ってから、その教会で祈りを捧げた。このセイヨウシナノキ（*Tilia × europaea*）は現在も立っており、樹齢は優に600年を数えて、歴史的記念物に認定されている。この木はヴォークルール城の盛土の石壁にまたがるように成長し、石壁の内と外に根を下ろしている。石壁の上の樹高は7.7メートルあり、石壁から下に3.6メートル伸びている。うつろな幹はかなり前にレンガをセメントで固めたもので覆われ、多種多様な生き物の住みかになっている。鳥や甲虫やさまざまな無脊椎動物に加え、幹と石壁の合わせ目に黒いアリが巣を作っている。よく繁った樹冠では、セイヨウシナノキの花のかぐわしい香りに引きよせられて、ハチがせわしなく羽音を立てている。

　ボードリクールは、初めはひとりの小娘がイングランド軍に立ち向かえるとは信じられなかった。自分でさえしくじったのである。しかし、3度請願を繰り返してようやくジャンヌは謁見を許され、国王の支持を得ることができた。ジャンヌが最後に戦いに敗れたことは、彼女の献身と勇気をいささかも疑う理由にはならない。ジャンヌは何度も戦功を上げており、彼女がイングランドの手に落ちたのは、同郷人であるブルゴーニュ派の官吏の裏切りの結果である。イングランドは彼らの野望を阻んだジャンヌを柱に縛りつけ、火あぶりの刑にした。1431年5月30日、ジャンヌは弱冠19歳だった。

　「私の言葉は神が発するものであり、私のすべての行ないは神の命令によるものです」というジャンヌの最後の言葉は、彼女の強さとゆるぎない信念を表している。ジャンヌは1920年にカトリック教会によって列聖され、彼女の味わった苦痛は多少なりとも償われた。

　ドンレミの近くに、「聖母の木」、あるいは「妖精の木」と呼ばれる木があり、その近くに泉がある。熱病にかかった人々がこの泉から水を飲み、健康を取り戻すためにその水を求めるのだとジャンヌは聞いていた。この木はブナの大木で、フランス語でル・ボウ・メ、すなわち「美しい5月」とも呼ばれる。（中略）老人たち（ジャンヌの家族ではない）が、この木には妖精がたびたび訪れたと語るのをジャンヌはよく耳にした。

　この木のそばの泉で聖人が語りかける声を聞いたのかと問われて、ジャンヌは、そのとおりだと答えた。（中略）その声は彼女、ジャンヌに、ヴォークルールの町の守備隊長を務めるロベール・ド・ボードリクールに会いに行き、付き添いを願い出るように命じた。（中略）ロベールはジャンヌの訴えを2度拒絶し、3度目にジャンヌの言うことを聞きいれ、付き添いを承諾した。聖人の声がジャンヌに告げたとおりになった。

——『ジャンヌ・ダルクの審問（*The Trial of Jeanne d'Arc*）』、1903年

ジャンヌ・ダルクのセイヨウシナノキ、ヴォークルール、1900年

ジャンヌ・ダルクのセイヨウシナノキ、ヴォークルール、2013年

ホーレ・アイヒェ、1910年頃

ホーレ・アイヒェ

❖ シュレースヴィヒ＝ホルシュタイン州、レリンゲン、ドイツ

ハンブルクの中心から北西に19キロメートル離れたレリンゲンの町に、ホーレ・アイヒェと呼ばれるヨーロッパナラ（*Quercus robur*、アカガシワ）の古木が立っている。このオークは、立っている道路の名前もホーレ・アイヒェといい、「うつろなオーク」を意味するその名前のとおり、数世紀前から幹がうつろになっている。

2000年に計測されたときは幹回り8.5メートルで、ドイツ樹木アーカイブ（German Tree Archive）によれば、ドイツ国内で37番目に幹回りの太い木である。しかし、私が2014年に計ってみると、地上1.3メートルの高さで幹回りは9.17メートルあった。これは上位20位に堂々とランクインできる太さだ。

1910年に地元の写真家ヘルマン・モラーによって写真（左頁）が撮影されたとき、幹は今よりもっと完全な形を保っており、幹回りは10メートルで、ドイツで10位以内に入る太さだった。モラーの写真に写っている9人の男性のうち、7人が地元の人間である。ヘルマン・ベーレンス、クラウス・ハッチェ、エルンスト・ティム。ティムは撮影されたホロー・オーク・インの主人だったが、この宿屋はもうなくなってしまった。ルドルフ・ハッチェ（エルンスト・ティムの義理の兄）、そしてフランツ・ハッチェ。写真では、4人がゆったり囲めそうなテーブルと椅子が並べられ、うつろな幹を楽しげに見せている。1942年にホロー・オーク・インはレリンゲンの有志の消防団本部として使われたが、第2次世界大戦後に消防団は別の場所に移転した。

レリンゲンはかつて農地だったところを苗木の育苗場に変えて知られるようになったが、昔は広大な森林が広がっていた。しかし、森林のほとんどは第2次世界大戦後の困難な時代に失われてしまった。ホーレ・アイヒェは北部ヨーロッパに典型的な放牧林のわずかな生き残りであるのは間違いない。

2007年に、この木の樹冠を縮小することが決められた。枝を支えるために取りつけられていたスチール製のケーブルが枝から外れ、危険だと判断されたからである。

この木は天然記念物に指定され、公式な推定樹齢は500〜600年と見積もられている。しかし、レリンゲンの人々はこの木を千年オークと呼んで誇りにしている。確かに、樹齢1000年とされる他の木と比較しても、ホーレ・アイヒェが見劣りする点はないように思える。

ホーレ・アイヒェ、2014年

すがすがしい木陰をさしかける、尊いオークよ。うつろな幹の内側から、老いにその身を侵された。昔日の強さはなくとも、荒れ狂う嵐に屈せず、倒れ伏した王国のごときその姿。
──『ホーレ・アイヒェ（*Die Hohle Eiche*）』、バイエルン国王ルートヴィヒ1世、1830年

イェーニッシュパークのヨーロッパナラ

❖ ハンブルク、ドイツ

　エルベ川の北の河畔にあるハンブルクの中心地から西に、イェーニッシュパークがある。43ヘクタールに及ぶこの保護区は、ハンブルクで最も古い公園である。

　この公園は英国庭園風に作られた観光農園と植物園の典型的なもので、カスパー・ヴォークト(1752-1839年)の依頼で1785年から1800年にかけて造園された。この人物は、主としてハンブルクの福祉制度を改革した功績で知られるドイツの大商人である。彼は晩年になって商業に飽き飽きし、アメリカ人の共同経営者に事業のほとんどを譲って、庭園に情熱を注いだ。

　1828年に、ヴォークトはこの公園を友人であるハンブルクの銀行家で上院議員のマルティン・イェーニッシュ(1793-1857年)に売却し、公園はイェーニッシュの名のもとに改修され、農園として使われることはなくなった。また、イェーニッシュはここに夏用の別荘を建設し、この別荘はそれから1世紀の間、子孫に受け継がれた。現在では、この建物は19世紀の上流階級の生活を再現した博物館になっており、イェーニッシュの生きた時代をかいま見ることができる。

　公園は1939年になって最終的にハンブルク市が購入し、一般に開放されている。

　ブナやヨーロッパグリなど、公園の建設時に植えられた植物の他に、ここにはヨーロッパナラ(*Quercus robur*、アカガシワ)の古木が集まった放牧林があり、公園ができる前から生えているオークもある。何本かは幹回りがおよそ5メートルあるが、最大のものは枝を大きく広げた幹がうつろなオークで、幹回りは7.83メートルあり、樹齢は400年を超えていると思われる。大きな開口部は、ドイツの変わった風習にしたがって鉄の棒を差し込んでつなぎ合わせてある。見た目はまるではしごのようで、好奇心旺盛な子供が上るにはちょうどいいが、大型の動物(そして人間の大人)が入りこむのを防ぐ役割を果たしている。私はこの公園で、同じような処置が施されたオークの古木を何本も見た。

　私が訪れたとき、このオークの洞窟のような幹の周囲には青草が茂り、地元の家族連れが豊かに繁った枝の木陰で休んでいた。ピクニックには最高の場所である。

V氏［ヴォークトを指す。］は皇帝からウィーンに招かれ、そこで数か月かけて(中略)ハンブルク改革の原則にのっとって、産業の振興と下層階級の状況改善のための(中略)計画を立案し、実行する仕事に取り組みました。この事業に関する報告書は、皇帝の依頼と資金によって、ウィーンで印刷され、出版されました。

——ウィリアム・ウィルバーフォースからウェルビラブド牧師への手紙、1802年

イェーニッシュ邸とオーク、1935年頃

イェーニッシュパークで最も古いオーク、2014年

北半球──ドイツ | 073

ハスブルッフの森

❖ ニーダーザクセン州、ドイツ

ドイツ北部のブレーメンの近くに、ハスブルッフ原生林と呼ばれる630ヘクタールの古い森がある。この森は木が伸び放題に茂った自然のままの森のように見えるが、原生林という名称はやや誤解を招きかねない。

原生林には人の手が加わらない太古の森というイメージがある。しかしハスブルッフは、石器時代からこの土地に住む人々が手入れをしてきた、長い歴史を持つ広大なオークの森の名残である。

テュートン族はおそらくここで聖なるオークの木立を崇拝したに違いないし、森に近いシュテヌムで発見された青銅器時代の埋葬塚は、古代からこの場所に人間が暮らしていた証拠である。しかし、この森林のところどころに点在する「千年のオーク」は、北ヨーロッパ各地でよく見かける典型的な中世の放牧林の生き残りだ。イギリスからルーマニア、そしてさらに広い範囲で、封建時代に開墾された土地があちこちに残り、太陽の光をたくさん必要とするオークが茂るのに必要な空間を与えた。草をはむ動物たちが瑞々しい若木を食べるおかげで、他の木々との生存競争がなく、これらの森は主としてオーク、ブナ、シデからなる林業用の森になった。これらの木々は一定の高さで主幹を切り詰め、枝の生長を促す萌芽更新という手法で育てられ、薪や柵の材料に利用され、森は草食動物に食べ物と生息場所を与え、半ば開けた土地で封建領主が狩猟を楽しんだ。1258年に、ハスブルッフの森の所有権と、家畜を放牧する権利がフーデ修道院に与えられた。

森に落ちているドングリを飼料として豚に食べさせる権利を利用して、1578年にはこの森に数千頭の豚が飼われていたと記録されている。オークがどれほど多くの実をつけるかが、この豚の数でわかるというものだ。1740年頃、この土地で最後のオオカミが射殺された。それから10年後には、

ハスブルッフの森、フェルディナンド・リンドナー画、1880年

聖なるオークの森で祈るドイツの異教徒、1914年頃

ハスブルッフの森のブナの並木、2014年

シャルロッテのオーク、1916年

わずか1000頭の豚しか記録されていない。しかし、1800年までに無制限な放牧によってハスブルッフの森のかなりの部分が丸裸になってしまったため、森を保護するための努力が行なわれた。1850年までに森の数か所で放牧が禁止され、自然の状態に戻すために放置されることになった。この頃、青々と茂るオークの古木へのロマンチックな憧れを反映して、森を訪れる人の数が増えたので、森を通り抜ける小道が敷かれた。

しかし、ハスブルッフの森ではその後も広い範囲で木材が切り出された。1945年から46年にかけて、戦後の再建のためにたくさんの木が伐採され、森林面積はさらに縮小した。しかし1997年以降、この森は自然保護区に指定されている。

現在ハスブルッフを訪れる人は、フンコロガシからオークの巨木まで、生命にあふれた深い自然の森に迎えられるだろう。しかし、この森を自然のなりゆきに任せるという方針は、残されたオークの古木に悪影響を与えている。ブナが勢力を広げて太陽の光を遮るので、萌芽更新された古いオークやシデはますます衰えていく。一方、濃く繁ったブナの下では光が森の地表面に届かないので、新しいオークの成長がさらに難しくなっている。

ハスブルッフの公式の地図には、名前のついた有名なオークはたった16本しか載っておらず、そのうち多くが枯れかけているか、倒れてしまっている。たとえば、シャルロッテのオーク(右上)は、もはや影も形もなくなってしまった。この木はオルデンブルク大公フリードリヒ・アウグスト2世の息女ゾフィー・シャルロッテ(1879-1964年)にちなんで命名され、かつては写真や絵葉書の素材となって、20世紀初期のロマン主義的な趣味をいっそうあおったものだった。

心の友、体を回復させるもの、耕地の恩恵——森にはこれらがすべて当てはまる。これらは、他国民にも理解できる森の一般的な性質だ。しかし、ドイツ人と森を結びつける絆は、はるかに緊密なものである。それはドイツ人の思考と感情に深く入り込み、世代から世代へと受け継がれている。ドイツ人の歴史がいたるところで森と結びついているからだ。

——『ドイツの森林ハスブルッフ(*Der Hasbruch Ein Deutsches Waldbild*)』、フェルディナンド・リンドナー、1880年

見事に繁ったアマーリエのオーク、1906年

アマーリエのオーク

❖ ハスブルッフの森、ドイツ

ハスブルッフの森の「千年のオーク」を代表する不動の王者は、その地位にふさわしく「ディッケ・アイヒェ」、すなわち「濃く繁ったオーク」と呼ばれ、幹回りはなんと11メートルもあった。しかし1923年7月8日、日曜日の午後4時、森林監視員がこの木から煙が立ち上るのを発見した。5時には幹が炎に包まれ、もはやなすすべもなく、8時を少し回った頃に木は焼け落ちた。

体操クラブの学生が立ち入り禁止の札を無視して木に登り、火がついたままのタバコの吸い殻をうつろな幹に投げ込んで立ち去ったらしい。1世紀近くたった今も、倒れた木の幹がそのまま残っている。

新たに王座に着いたのは、アマーリエのオークと呼ばれる幹回り10メートルの巨木である。この木はオルデンブルク大公フリードリヒ・アウグスト1世の第1王女アマーリエ（1818－1875年）にちなんで名づけられた。アマーリエは弱冠19歳でギリシャ国王オソン1世（1815－1867年）に嫁いで王妃となった。はじめのうちギリシャはアマーリエを歓迎したが、のちに彼女は厳しい批判にさらされ、1861年には危うく暗殺されかかった。王妃の不人気は、世継ぎに恵まれなかったことに一因があると考えられている。暗殺未遂事件の翌年、アテネでクーデターが起きると、国王夫妻はイギリスの戦艦に乗ってバイエルンに脱出し、終生そこで亡命生活を送った。

アマーリエの婚礼が行なわれた頃、画家がハスブルッフを訪れるようになった。彼らは周囲の村に泊まり、オークの巨木を描き、この森の名声を高めた。アマーリエのオークは、長い間まさにハスブルッフの象徴となった。

森の女王と呼ぶにふさわしいアマーリエのオークは、最後の数年間は幅10センチメートル程の樹皮1枚でかろうじて支えられるだけになり、1982年2月10日に倒れた。その残骸が横たわったままの空き地を見ると、この木がどれほど大きく枝葉を伸ばしていたかがよくわかる。名前をもらった王妃と違って、このオークはフリーデリケのオークという後継ぎを残した。

ハスブルッフのすべてのオークの中でも、ギリシャ王妃に捧げられ、現在は公式に「アマーリエのオーク」と呼ばれる木は、少なくとも私にとっては、最も力強く、かつ最も美しいと思われる。

——『北西ドイツの風景（*Nordwestdeutsche Skizzen*）』、ヨハン・G・コール、1864年

アマーリエのオーク、フェルディナンド・リンドナー画、1880年

倒れたアマーリエのオーク、2014年

フリーデリケのヨーロッパナラ

❖ ハスブルッフの森、ドイツ

フリーデリケのヨーロッパナラ (Quercus robur) は、ハスブルッフの森のいわゆる「千年のオーク」の中でも最大で最古、そして最後の木である。幹回り7.9メートルで、高く伸びたその姿は700年近い樹齢をうかがわせる（ヨーロッパナラの古木は一般的に、高齢になると寿命を延ばすために樹冠の上層部の枝を落とす性質がある）。しかし、こぶだらけの固い樹皮で覆われたうつろな幹は、ドルイドの讃美歌に次のように歌われた木の最後の姿と言っても通用するだろう。

3世紀の間成長し、3世紀の間栄華を極め、さらに3世紀を老残の身で過ごす。

この木はオルデンブルク大公フリードリヒ・アウグスト1世（1783-1853年）によって、第2王女のフリーデリケの名を取って命名された。フリーデリケは1820年に生まれ、母のアーデルハイト大公妃は娘を出産後に亡くなった。1855年にフリーデリケはアメリカの初代大統領ジョージ・ワシントンの遠縁にあたるマクシミリアン・エマヌエル・フォン・ヴァシントンと結婚した。しかし結婚後、フリーデリケは宮廷生活を捨ててオーストリア南東部のシュタイアーマルク州で暮らすことを選び、1891年にそこで亡くなった。

オルデンブルク家はヨーロッパで最も強い影響力を持つ王家のひとつで、ドイツ北部を源流としながら、支流の家系はデンマーク、ロシア、ノルウェー、ギリシャ、スウェーデンにつながり、現在のイギリス女王エリザベス2世とも縁続きである。

1967年に、このヨーロッパナラの側枝が嵐で折れた。折れた枝はそのまま地面に残され、無数の森林生物、植物、キノコなどの生き物の住みかになっている。このオークの周囲に若木が育ちはじめ、オークの低い枝や葉に光が当たりにくくなって、ヨーロッパナラの衰弱が進んでいる。光を遮る若木を刈り取れば、フリーデリケのヨーロッパナラはきっと、「千年の木」の最後の生き残りにふさわしい威厳を取り戻すはずだ。

フリーデリケのヨーロッパナラ、1901年

フリーデリケのヨーロッパナラ、2014年

北半球──ドイツ | 079

イーフェナックのヨーロッパナラ

❖ ティーアガルテン、イーフェナック、ドイツ

旧東ドイツのシュターフェンハーゲン近郊のイーフェナックに、オークの放牧林の名残がある。ここはヨーロッパ最大のヨーロッパナラ(Quercus robur)が生えていることで知られている。

このあたりでは11世紀頃からスラヴ人のヴィルツェン族が家畜を放し飼いにし、家畜が草や若木を食べるおかげで1本1本の木が大きく育った。フーデヴァルトと呼ばれるこの風習は、1200年代にイーフェナック修道院のシトー修道会が受け継ぎ、1555年の宗教改革まで続けられた。その後「イーフェナックのオーク」は公爵に委ねられた。ドイツには「最良のハムはオークの下で作られる」という言い伝えがある。毎年秋になると、落ちているドングリを豚に食べさせたからである。

1709年に鹿公園に変えられた後もフーデヴァルトの習慣は続けられたが、1929年の世界恐慌のとき、外来種のダマジカは駆除された。森の木々や下生えは伸び放題で放置されたが、1972年に鹿公園が復活してから、森はかなり回復が進んでいる。

伝説によれば、イーフェナックの7人の修道女が誓いを破って女子修道院を抜けだし、森の中で半裸になって踊ったため、罰としてヨーロッパナラに姿を変えられたと言われている。1000年たってヨーロッパナラの古木が自然に枯れるとき、修道女は1世紀にひとりずつ、彫刻のような姿から解放されるという。

ティーアガルテンで最も大きいヨーロッパナラは幹回り11.2メートル、高さは31メートルもある。イーフェナックのオークとして知られるこの木は、体積がヨーロッパ最大で、140立方メートル近くある。ヨーロッパナラとしては抜きんでた大きさで、ドイツで最も有名な「千年のオーク」である。イーフェナックのヨーロッパナラの樹齢は750年から1200年と推定されるが、専門家の大半はおよそ850年と見ている。1世紀前、ティーアガルテンには11本のヨーロッパナラの古木が立っていたが、現在残っているのは6本だけだ。おそらく7人の修道女の最初のひとりが、1000年の償いから解放されたのだろう。

優しい銀色の光を放ち月が雲間から覗き、
暗く陰鬱な夜の果てに
輝かしい太陽もまた姿を現すとき
さざ波がささやきながら流れるとき
オークとツタがひしと抱き合いながら伸びていくとき
そのとき、ああ、そのときこそ、
魔法にかかった時の中で
いとしい人の寝屋で会いたいものだ。

――『わが農場の日々の昔話(An Old Story of My Farming Days)』、フリッツ・ロイター、1878年

イーフェナックのヨーロッパナラ、1916年

イーフェナックのオーク、2012年

ヤン・バジンスキーのオーク

❖ カディニ、ポーランド

ポーランド北部をグダニスクから東に向かって旅すると、すぐに平坦な耕地が広がる風景が目に入る。ところどころに現在も利用されているポラード仕立てのヤナギの古木や、ヤドリギをつけたポプラの並木が見える。

しかし東の国境近くまで来ると、ゆるやかに起伏する土地に不意に現れるブナの森によって、単調な風景に変化が生まれる。ロシアの国境からわずか32キロメートルの位置にあるカディニには、ヤン・バジンスキーのオークと呼ばれるうつろなヨーロッパナラ（*Quercus robur*、アカガシワ）の古木が道端に印象的な姿を見せている。

幹回り10.03メートルのこのオークは、ポーランドで3番目に幹回りの大きなヨーロッパナラで、最も古いもののひとつだ。この木はカディニ森林自然保護区の端に立っている。この森はオークとブナの放牧林の生き残りだが、現在はブナの若木が勢いよく成長し、ヨーロッパナラは衰えつつある。1880年にヤン・バジンスキーのヨーロッパナラの幹回りは8.64メートルと計測され、うつろな幹に扉が設置されて、保護のために管理人が指定された。ヤン・バジンスキーのオークの木陰に、ヨーロッパナラの老木が立ち並んでいる。これらのヨーロッパナラの中で間違いなく最年長と考えられるこの木は、樹齢700年以上と推定されている。

このヨーロッパナラはドイツ生まれの騎士、ヤン・バジンスキー（1394–1459年）にちなんで名づけられた。彼は最初、カディニ一帯を支配するドイツ騎士団に仕えていたが、次第に騎士団に不満を感じ、反乱軍を指揮してプロイセンによる統治を復活させた。バジンスキーはポーランド国王カジミェシュ4世によって近くのエルブロンクの町の長官に任命され、マルボルクの城塞に陣取って、継続的なドイツ騎士団の攻撃からこの地域を保護した。暗殺の企てにも屈しなかった。のちにバジンスキーはこの城塞で亡くなり、エルブロンクに埋葬された。

バジンスキーの生前から彼の領地に立っていたこのヨーロッパナラを、バジンスキーは見ていたかもしれない。この木は彼の死後も生き延び、これから何世代もこの土地に生きつづけるだろう。

ヤン・バジンスキーのオーク、1940年頃

ヤン・バジンスキーのオーク、2014年

ヤン・カジミェシュのオーク

❖ ボンコボ、ポーランド

グダニスクからおよそ100キロメートル南に下ったポーランド中北部に、ボンコボという村があり、かつて中世の宮殿があった場所に、主に20世紀に建設された邸宅が立っている。その東側の牧草地に5本のヨーロッパナラ（Quercus robur、アカガシワ）の古木がある。それらは過ぎ去りし時代の生き残りであり、王家が支配していた中世ヨーロッパの放牧林の名残である。

これらのヨーロッパナラはすべて幹がうつろで、北に面して開口部がある。5本のうち4本は、幹回りがおよそ7メートルだが、残りの1本は大きさも樹齢も他の4本を圧倒している。

幹回り10メートルの完全にうつろで苔むしたこの木は、数多くの地衣類や無脊椎動物の住みかになっている。ヤン・カジミェシュのオークと呼ばれるこの木は樹齢およそ700年で、この国のヨーロッパナラの中で最も古く、最も大きく、しかも最も印象的な木のひとつである。

この木はヴァーザ家出身のポーランド国王の最後のひとりとなったヤン2世カジミェシュにちなんで名づけられた。カトリック教徒のこの王は人望がなく、1668年にフランスで修道院生活を送るために退位した。戦争よりも外交的解決を好む性格として記憶されているが、ヤン2世の治世はロシアとスウェーデンに対する相次ぐ戦乱に翻弄された。また、領土拡大を狙うオスマン帝国に対抗するための支持を求めて運動したが、生きている間に実現させることはできなかった。

かつてはこの土地にワンコウ修道院があった。修道士と修道女の建物が別々に置かれ、両者の交流は厳しく禁じられていた。言い伝えによれば、ひとりの若い修道女がこの規則を破った

ヤン・カジミェシュの肖像、ヤン・マティコ（1838－1893年）画

ため、修道院の地下に閉じ込められた。しかし修道士たちはなおも修道女に会うために、秘密のトンネルを掘りはじめた。このトンネルが崩壊し、女子修道院はその穴の中に崩れ落ちた。そして地面に残った空洞が、現在見られる湖になったという。

この場所には修道女の幽霊が出ると言われている。地の底から彼女たちの叫びやうめき声が聞こえてくるそうだ。

カジミェシュは戦争を政治の道具という適切な地位に追いやり、戦場よりも会議室を好んだ。

——『ブリタニカ百科事典（*Encyclopedia Britannica*）』、1911年

ヤン・カジミェシュのオーク、2014年

ヤン・カジミェシュのオーク、2014年

北半球──ポーランド

リンのセイヨウシナノキ

❖ リン、スイス

リンのセイヨウシナノキ、1910年頃

スイス北部にあるリンという村に、樹齢およそ800年と見られるセイヨウシナノキ（*Tilia × europaea*）がある。村の北端に立つこの木は、幹回り10.75メートルという巨木で、豊かに繁る枝葉の天蓋をうつろな幹が支えている。スイスで最も古く、最も樹冠の幅が広い広葉樹だが、この木には悲劇的な物語が伝わっている。

1660年代に、この村はかつてない悲惨な疫病の大流行に見舞われた。地域の住民の3分の2が死亡し、遺体を遠くの墓地に運ぶために雇われた葬儀屋も犠牲になった。そのため、生き残った村人がひとりでこのセイヨウシナノキの巨木の下に共同墓地を掘り、死者を葬ったと言われている。

この木の下が選ばれたのは、単に埋葬場所としてちょうどよかったというだけではないようだ。このセイヨウシナノキは、テュートン族によって異教の女神、母なる神フレイヤに捧げられた木だった。この女神は愛と豊穣、そして死を司り、悪霊を遠ざけると考えられていた。実際、リンのセイヨウシナノキは何世紀もの間、村人たちの集会の場となっていた。祝い事やダンス、そして地元の裁判の場所として、セイヨウシナノキを共同体の中心に据えるヨーロッパの古い伝統を受け継いでいたのである。

この木そのものも、たびたび傷ついてきた。長年の間に、うつろな幹の内部から出火して数回の火事が起きているが、幸いなことにいずれも消し止められた。そして1990年には故意に毒物が撒かれる事件があったが、何とか生き延びた。南側の大きな開口部は、現在は金属製の網で保護されている。この木の大枝は、それぞれがセイヨウシナノキの成木ほどの太さがあるが、木の寿命を延ばすために、互いにロープでつながれている。

リンという村の名前は、おそらくシナノキ科の植物を指すドイツ語のリンデという言葉からきているのだろう。村の郵便局にはこのセイヨウシナノキを描いた紋章（左上）が掲げられている。

ある案内板に、ストレスを感じたときは、この木の下で数分過ごせば心が穏やかになって元気が回復すると書かれている。確かに、私がレマン湖から4時間車を走らせた後の疲れには効き目があった。芳しいセイヨウシナノキの花から淹れたお茶にも同じ効果があると昔から考えられている。

リンのシナノキよ、われらが友よ。

大枝のひとつ。これだけでセイヨウシナノキの成木の太さがある。

リンのセイヨウシナノキ、2012年

モラのフユボダイジュ

❖フリブール、スイス

　1476年6月22日、スイス連邦軍はベルン近郊の町モラ(ドイツ語名ムルテン)で、ブルゴーニュ公シャルル1世軍に決定的な勝利を収めた。シャルル1世は北から領土を拡大したが、この年の3月、グランソンの戦いでスイス軍に破れた。シャルル1世は逃亡し、態勢を立てなおしてこの敗北の恥辱をそそごうとした。6月10日、彼はモラの町を包囲した。

　スイス軍は屈せず、油断していたブルゴーニュ軍を12日後に撃破した。およそ1万人の戦死者を出したブルゴーニュ軍に対して、スイス軍は600人から700人の兵士を失うだけですんだ。シャルル1世はふたたび逃亡したが、この戦いは結果的にブルゴーニュ公領の崩壊を招き、シャルル1世は翌年、フランス軍との戦闘の最中にナンシーで戦死した。

　言い伝えによれば、スイス人の伝令は戦場で折り取ったフユボダイジュの枝を勝利の印として掲げながら戦地から駆け戻った。この伝令はフリブールまでの17キロメートルを駆け抜け、息も絶え絶えの状態でたどり着くと、その場に崩れ落ちた。彼が持ち帰った枝はその場所で根づき、モラのフユボダイジュとして知られるようになったという。

　実際は、この木はおそらく言い伝えよりずっと古い木である。1983年まで生きていたが、この年に飲酒運転の車が突っ込んで倒れてしまった。倒れ

モラのフユボダイジュ、1887年

モラのフユボダイジュと市場、1892年

モラのフユボダイジュの子孫、2012年。この木の右側の赤い記念碑の場所に親木があった。

た木を片づけるとき、挿し木用に枝が切り取られ、ドラゴンを退治した聖ゲオルギウスに捧げられた市役所前の噴水の横に植えられた。

このフユボダイジュ（*Tilia cordata*）の若木は順調に成長し、幹回りはすでに1.6メートルに達して、親木の遺伝子を後世に伝えている。有名な伝令も、毎年恒例のモラからフリブール間のマラソンによって語り継がれている。10月の第1日曜日に開かれるこのレースには世界中からおよそ8000人が参加し、伝令のたどった道を走ることになっている。

しかし比類なき高峰をあえて吟味する前に、徒に通り過ぎてはならぬ地点がある。モラよ! 誇り高い愛国者の戦場よ! 人はここで戦死者の恐ろしい記念品を見つめ、この野原の征服者たちを思いやっても恥じ入ることはない。
——『チャイルド・ハロルドの巡礼』、バイロン卿、1812－1818年（東中菱稜代訳、京都修学社、1994年）

北半球──スイス | 089

ヴィルヘルム・テルの伝説

❖スイス

　スイスの国民的英雄ヴィルヘルム・テルは、スイス中央部のビュルグレン村で生まれた。

　1308年、テルは息子のヴァルターとともにアルトドルフの町を訪れた。この町を支配するオーストリア人の代官ヘルマン・ゲスラーは、広場に立てたポールに頭を下げて忠誠を示すよう村人に強制していたが、テルは公然とこれを無視した。

　テルの無礼なふるまいに激怒したゲスラーは、テルがクロスボウ（洋弓）の名手であることに目をつけ、息子の頭に乗せたリンゴをテルが矢で射抜けなければ、親子とも死刑にすると宣言した。

　ヴァルターは頭にリンゴを乗せ、セイヨウシナノキを背に立たされた。ヴィルヘルムは息子に恐がらなくても大丈夫だと言い、50歩離れた所から狙いを定め、完璧な一射でリンゴをまっぷたつにした。子供はかすり傷ひとつ負わなかった。

　テルが弓に矢をつがえるとき、もう1本の矢を取りだしたのを見咎めて、ゲスラーは理由を問いただした。テルは、もしも息子を傷つけてしまったら、2本目の矢で代官を射殺すつもりだったと答えた。ゲスラーは憤慨してテルを逮捕するように命じ、ルツェルン湖を渡る船に乗せて監獄に連行させた。しかし、激しい嵐に襲われて船が岸に近づいたとき、テルは岩に飛び移って逃げた。キュスナハトまでたどり着いたテルは、ゲスラーを発見し、クロスボウから放った2本目の矢で彼を射抜いた。

　この英雄的な行為は民衆の決起を促し、テルも加わった反乱は、スイス連邦成立の起爆剤になったと言われている。

ゲスラー（少年を指す）：誰かこの子をあの菩提樹（ぼだいじゅ）へ縛りつけろ。

ヴァルター・テル：縛りつけるって。嫌だよ、縛りつけるのはごめんだ。僕、子羊のようにじっとして、息を殺しているよ。

——『ヴィルヘルム・テル』、フリードリヒ・シラーによる戯曲、1829年（桜井政隆・桜井国隆訳、岩波文庫、1971年）

セイヨウシナノキの下で息子の頭に乗せたリンゴを射るヴィルヘルム・テル。リービッヒ社が制作したロッシーニのオペラを題材にしたトレーディング・カードの1枚。1938年

公式マロニエ

❖ジュネーブ、スイス

ジュネーブ市では1818年以来、この古い都市のはずれにあるトレイユ公園で1本のセイヨウトチノキ[フランス語名はマロニエ]を観察し、最初に芽吹いた日を毎日記録してきた。萌芽と呼ばれるこの現象が確認されると、ジュネーブ市の春の第1日目が公式に認定される。

この伝統は、マルク＝ルイ・リゴー＝マルタンという地元の貴族が、ただ自分の好奇心を満足させるために1808年に始めた習慣だった。しかし1818年からは、この日付が羊皮紙に記録され、近くの市庁舎に掲示されるようになった。

セイヨウトチノキ(Aesculus hippocastanum L.)は春になると真っ先に芽吹く木のひとつなので、この木がこうした目的に選ばれるのは少しも不思議ではない。これまでに2本の木がその役割を受け継いできた。1本目は1818年から1905年まで、2本目は1906年から1928年まで同じ場所に生えていた。現在の公式マロニエとなったセイヨウトチノキは1929年に植えられ、幹回り2.4メートルという立派な木に育ったが、30度以上も傾いているため、主枝にアルファベットのAの形をした金属製の支えがあてがわれている。

毎年3月の第3土曜日に、この木の木陰で萌芽を祝う「新芽の祝い」が開かれるが、年々萌芽の時期は早まっているように見える。

公式マロニエ、2012年

19世紀には大体3月か4月だった萌芽が、20世紀には徐々に早くなり、1970から1989年までは2月か3月、1990年から現在までは1月か2月になっている。2002年には12月29日という記録的に早い萌芽があった。結局、この年は2回の萌芽が記録され、翌年の2003年には1回も記録されなかった。温暖化の影響だろうか？　おそらくそうだろう。しかし、2012年には昔に戻ったかのように、3月に萌芽が記録された。

雪解け水で濁った川がうねるように流れ
うなだれたマロニエの新芽が
見事な緑の扇を広げ始める、
この豊穣の大地の上で。

──『サー・ランスロットと王妃グィネヴィア(Sir Lancelot and Queen Guinevere)』、アルフレッド・テニスン(1809 - 1892年)

インドゴムノキの一種

❖ カディス、スペイン

モラ病院前広場のインドゴムノキの一種の若木、1915年頃

1903年に、カディスの海岸近くに病院が建設された。出資したのは市の最大の篤志家のひとり、ホセ・モレノ・デ・モラである。

スペインはむしろコルクガシやマツ、ポラード仕立てのクロポプラで有名かもしれないが、モラ病院の広場には2本の名高いインドゴムノキの一種（*Ficus Magnonioide*）が立っている。この木はスペインからインドに伝道に出かけた修道女が持ち帰ったものだ。スペインに戻る船旅の途中、この修道女は病気になり、モラ病院で息を引き取った。この修道女に敬意を表して、2本の木は病院の入口前に植えられた。インドゴムノキの一種はイチジク属の木で、同じイチジク属の多くの木と同様に、イチジクコバチと共生関係にある。イチジクコバチが受粉を助けなければ、この木は種子を作ることができない。生育する条件がよければ、インドゴムノキの一種はかなり大きくなる。

カディスのインドゴムノキの一種は、1世紀あまりで幹回りがそれぞれ9.8メートルと10.5メートルに達し、病院前広場に君臨している。四方に広がる枝は途方もなく伸び、コンクリート製の柱で支えなければならないほどだ。夜間にはライトアップされて迫力のある姿を見せ、交通量の多い道路の喧騒と排ガスの中で、多くの観光客を集めている。

1990年にモラ病院は閉鎖され、それ以来この建物はカディス大学経済・経営学部の校舎になっている。

この建物に幽霊が出るという話はたくさんあって、特に図書館（昔の霊安室）周辺に出るらしい。そのような幽霊話のひとつに、血まみれの修道服を着た修道女のぞっとするような姿を見たというのがある。まさかインドへ伝道に出かけたあの修道女が、変わり果てた姿でカディスに戻ってきたわけではないだろう。

カディスでは花が大流行している。その流行の担い手は、一部はこの都市の住民たちで、彼らは近郊のプエルト・デ・サンタ・マリアの花畑から運ばれてくる花を手当たり次第に買っている。

——『園芸百科事典（*An Encyclopedia of Gardening*）』、ジョン・C・ラウドン、1828年

モラ病院前広場のインドゴムノキの一種の巨木、2011年

千年オリーブ

❖イビサ島、スペイン

シエラ・デ・ラ・マラ・コスタの南にある千年オリーブ、2008年

幹回り3メートルの千年オリーブ、サン・フアン・デ・ラ・ブリジャ、2008年

フェニキア人は西に向かって帝国を拡大し、地中海を渡って紀元前654年にイビサ島に上陸した。彼らは愛好していた栽培品種のオリーブ(*Olea europaea*)をその土地に持ち込んだ。オリーブはフェニキア人の故郷レバノンが原産地と考えられ、地中海西部に自生していたわけではないが、今では野生化し、この地域の文化と一体化して、地中海地域の象徴になっている。現在、スペインは世界最大のオリーブオイルの生産国である。

イビサ島は白い家が立ち並ぶ風景から「白い島」とも呼ばれ、フェニキア人はこの島を音楽と舞踊の神ベスにちなんでイボシムと名づけた。現代のイビサ島は多数のクラブがあることで有名で、2500年以上たった今も音楽とダンスはイビサ島の名を世に広めている。

フェニキア人の古い港町だったイビサ近くの海底から、2000年前のアンフォラと呼ばれる壺が見つかった。中にはオリーブオイルが入っていて、保存状態は非常によかった。ギリシャ人はこの島を、かつて島全体に生えていたアレッポマツ(*Pinus halepensis*)にちなんでマツの島と呼んだ。このマツは今でも内陸部の森林、特に山がちな田舎に生えている。

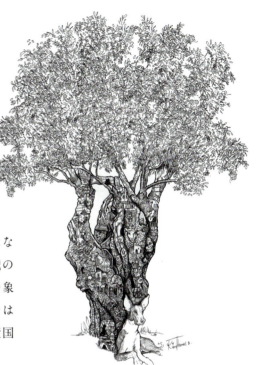

生命の樹、キンバリー・トーマス画、2008年

山の斜面の低い場所には、果樹やアーモンドの木に交じって数えきれないほどのオリーブの木立がある。千年オリーブの中には樹齢2000年と考えられる木もある。それらの木は古代のオリーブの原産地と、オリーブがこの土地に植えられて以来この島を通り過ぎていった数多くの文化の記念樹でもある。フェニキア人、エジプト人、ギリシャ人、カルタゴ人、ヴァンダル人、ムーア人、カタロニア人、そしてヒッピーや、現代ではパーティ好きな人々が、昔からこの島で仕事に精を出し、ヨーロッパで一番健康な食事のひとつと言われるオリーブオイルたっぷりの地中海料理に舌鼓を打ってきた。

タッソのオーク

❖ ローマ、イタリア

トルクァート・タッソは16世紀の詩人で、詩の世界で高い評価を受け、その作品は生前から19世紀までヨーロッパ中で愛読された。

1544年にソレントに生まれ、31歳のとき、十字軍の聖地奪還を題材に創作した代表作『エルサレム解放（*La Gerusalemme Liberata*）』を完成させた。

精神障害とうつ状態に悩まされたタッソは、統合失調症を患っていたのかもしれない。人生の後半は、彼の叙事詩に匹敵するような苦悩の生涯を過ごした。大半は北イタリアのフェラーラの城に滞在し、後援者であるフェラーラ公アルフォンソ2世の宮廷で過ごしたが、精神状態が悪化すると、公によって7年間聖アンナ病院に幽閉された。

退院後はフィレンツェ、ローマ、ナポリを放浪した。それまでに書いた詩の功績が認められ、「詩人の王」と言うべき桂冠詩人の称号を授かることになり、教皇から月桂冠を受け取るためにようやくローマに戻った。

言い伝えによれば、タッソはローマ西部のジャニコロ丘陵のオークの巨木の下で、月桂冠を授かる時を待っていたという。そこはローマで最も高い場所で、ローマとバチカンを一望することができた。しかし、タッソは栄誉を受ける前に51歳の若さで亡くなり、丘を下ったところにあるサントノフリオ教会に埋葬された。

当時から生えているフユナラ（*Quercus petraea*）に四方を囲まれて、タッソのオークは今も丘の上に立っている。とっくの昔に枯れてしまったが、その朽ちた幹は支柱と鉄の輪、そして記念碑のようなレンガ造りの壁に支えられている。数十年たった今では、レンガのひとつひとつに落書きが刻まれている。

対照的に、サロモン・コロッディとマキシム・ニキフォロヴィチがそれぞれ19世紀に描いたタッソのオークは生き生きとした姿を見せている。1842年の落雷後も生き延び、1910年の写真（左）ではたくさんの葉を茂らせているが、その後まもなくこの木は枯れてしまった。2013年には放火事件があったが、その後、この木とその周辺の環境は2015年の修復プログラムのおかげで改善された。

トルクァート・タッソ

愛とは、失ったことさえ気づかなかった魂のかけらを、あなたにくれる人のことである。
　　　——トルクァート・タッソ（1544–1595年）

タッソのオーク、1910年頃

勢いよく伸びる枝、
幅広い葉をつけたイチジク、
実を結ばないバショウ、
がっしりしたクルミ、
汚れた罪を今なお嘆くミルラ（モツヤクジュ）、［ミルラは近親相姦の罪を犯した王女が木に変化したと言われる。］
湿地の主のハンノキ、
かすかな香りも古傷を刺激するネズ、
森の王たる誇り高きレバノンスギやオーク。
かくして木々は轟く音とともに倒れ伏す。
獣たちは洞穴から、鳥たちは巣から、逃げていく。
——『エルサレム解放（*Gerusalemme Liberata*）』、トルクァート・タッソ、1581年

タッソのオーク、2015年

タッソのオークの下の落書き、2015年

北半球——イタリア

コルクガシ

❖ガッルーラ、サルデーニャ島

コルクガシ(Quercus suber)はオークの仲間だが、常緑樹であるという点で普通のオークナラとは異なり、セイヨウヒイラギに似た葉を1年中つけている。この木は厚みのあるスポンジ状の樹皮を剥がされても再生する特別な性質があり、樹皮を剥いで貴重な資源として利用する習慣が何世紀も続けられてきた。一説によれば、この再生能力は森林火災に適応した進化によって発達したもので、そのおかげでコルクガシは他の木に比べて早く再成長できるし、受けるダメージも少ないという。

地中海北部のクロアチアから西部沿岸のモロッコまで、弧を描いて広がる地域が原産地で、コルクガシの森は木を傷めないように9年から12年の間隔を開けて、樹皮が再生するのを待って収穫される。スペインとポルトガルは最大の生産国で、ポルトガルの供給量は世界市場の50パーセントを占めている。寿命は150年から250年なので、1本の木から確実に12回は収穫が可能で、およそ4000個のコルク栓が生産できる。

コルクは2000年以上も瓶の栓や水泳用の浮き、靴底の材料として利用されてきた。また、床材や家具の生産にもよく使われ、再生可能で環境を損なわない木材の生産方法として長い歴史がある。

しかし、ねじ蓋やプラスチック製の栓の使用が増えるにつれて、コルク産業、そしてコルクガシの管理された森林が、放置と伐採という真の脅威に直面している。世代から世代へと長年受け継がれた家業が廃業の危機にさらされ、その結果、コルクガシの森で生きてきた多様な植物や野生動物の存続も危ぶまれている。絶滅危惧種のスペインオオヤマネコやボネリークマタカも深刻な危機にある。

さらに、収穫されたコルクガシは、未収穫のコルクガシの5倍もの二酸化炭素を蓄えられるという利点もある。これらの点を考えると、コルクガシの森の存続と保護がきわめて重要なのは間違いない。

森のこのあたりには太古のコルクガシの巨木がどこまでも続いていた。でこぼこした樹皮、奇妙な角度に伸びた枝、櫛の歯のように垂れさがる不思議な地衣類。うっそうと茂るオリーブ色の葉は太陽の光を遮り、風がうなりを上げて木々の間を通り抜けていく。
——『コルシカ島とサルデーニャ島の逍遥(Rambles in the Islands of Corsica and Sardinia)』、トマス・フォレスター、1858年

イタリアのコルクガシは、サルデーニャ島北部のカランジャーヌスを中心としたガッルーラ地域が一大生産地である。そこで生産されるコルクは、イタリアの総需要のおよそ85パーセントをまかなっている。コルクの主な用途は瓶の栓だが、絶縁体や床材、装飾、そして伝統的な食器やスプーンなど、

コルクガシの樹皮を剥ぐ作業、1885年

ガッルーラの森を見下ろす収穫されたコルクガシ、サルデーニャ島、2014年

コルクガシとオリーブの林の中で放牧されるサルディ、2014年

あらゆる台所用品にも使われる。

ワインの栓やサンダルを作るために、サルデーニャ島のコルクガシの樹皮を初めて大量に収穫したのはローマ人だった。ローマ軍はサルデーニャ島のコルクを履いて行軍したと言ってもいい。この島は紀元前227年にローマの属領になったが、勇猛な原住民のヌラージ族は激しく抵抗し、1世紀以上もローマ人を悩ませた。彼らはおよそ7000個もの「ヌラーゲ」を足場に抵抗運動を続けた。ヌラーゲは石造りの防御用の塔で、住居の役割も果たした。その多くが、今も驚くほどよい状態で残っている。

コルクを剥ぎ取るための伝統的なコルク斧を使いこなすには、かなりの技術が必要だ。深く切り過ぎれば木が枯れてしまう。樹皮は幹の両側から2枚に分けて剥がすことが多い。剥がした樹皮は1年間天日で干し、それから煮沸し、プレスして、幹の形に沿った自然な湾曲を伸ばして平らにする。コルクは品質に応じて分類され、最高品質のものは最上のワインのコルク栓に使われる。

コルクガシの中には樹齢300年を数える木もある。たとえば右頁の写真のコルクガシは、サン・アントニオ・デ・ガッルーラ近郊の放牧林の中に立つ幹回り3メートルの大木である。何世紀も前から、この島固有のサルディという長毛のヒツジが、オリーブとコルクガシの森の中で小さな群れを作って、木と共存しながら暮らしている。しかし、サルデーニャ島のコルクガシの森は、過去半世紀の間におよそ30パーセント減少した。農業の拡大や山火事も一因だが、最近では、コルクに代わってねじ蓋やプラスチック栓が用いられるようになり、コルクガシの森が放置されている。放牧林は収入をもたらす限り健全な状態を保てるが、収入が減少すると、生息環境も悪化していく。これからの課題は、将来のためにバランスを維持することだ。そのために協力できる一番簡単な方法は、コルク栓のついたワインを買うことである。

カランジャーヌスで乾燥中のコルク、2014年

サルデーニャ島のルーラスに立つ幹回り3メートル（樹皮がない状態で）のコルクガシの老木、2014年。ガッルーラのコルクガシの森の長老とも言えるこの木は、これまでに何度も樹皮を収穫されている。

イル・パトリアルカ（家長の木）

❖ サント・バルトル、ルーラス、サルデーニャ島

夜になると木が歩き、人々の夢に変わるとは、
とても信じられないでしょう。
木の中に愛のヴァイオリンが隠れていると思
いますか。
木が歌い、笑うと思いますか。
岩の裂け目に生える木が、そのとき命を得
て動き出すと思いますか。
——『愛する魂（L'anima innamorata）』、アルダ・
メリーニ、2000年

　コルクガシの他に、ガッルーラではたくさんのオリーブが茂っている。この2種類の木は「加工用」という点で、同じ宿命を背負っている。これらの木は数千年間、地元の人々に世話をされ、彼らに恩恵をもたらしながら生きてきた。だからこそ今日まで生き延びているのである。コルクと同様に、オリーブオイルも産業用に大規模に抽出されている。サルデーニャ島は高品質のエクストラ・バージン・オリーブオイルで有名だ。

　小さな町ルーラスからおよそ14キロメートル北のサント・バルトルでは、リーシャ湖を見下ろす丘の斜面に3本の有名なオリーブが立っている。この湖はサルデーニャ島の北東部に水を供給するために、1964年に作られた人造湖である。3本の木のうち最大のものは、イル・パトリアルカ（家長）と呼ばれている。うつろでしわだらけの幹は、幹回りが11.6メートルあり、樹冠は600平方メートルを覆っている。この木は、この地域に数多く残る古代のオリーブ（Olea europaea）だという点が特筆に値する。有名な3本のオリーブはきわめて野生に近く、栽培種である彼らの仲間と違って伝統的な剪定によって枝を整えられていないので、長く張り出した揺れる枝に小さくて食用に適さない実がなっている。

　この土地に生えている別の古代のオリーブを切って、年輪から木の年代を決定する年輪年代測定法を利用して直接比較してみると、イル・パトリアルカは4000年もの間この地に立っていたという計算になった。だとすれば、これはイタリア最古の木ということになる。もしこれが事実なら、この木はフェニキア人がこの島に来る前から生えていたという非常に興味深い結論が出る。オリーブは紀元前1000年頃、フェニキア人が最初にこの島に侵入したときに地中海東部から持ち込んだとこれまでは考えられていた。しかし、イル・パトリアルカの樹齢の測定によって、オリーブはそれよりも1000年前からすでにサルデーニャ島に生育していたという強力な証拠が得られた。オリーブは古代のサルデーニャ島に存在したヌラーゲ文明の勇猛な戦士と同じ時代を生きていたのかもしれない。

イル・パトリアルカ、ルーラス、2014年（次の見開きも）

樹齢2500年のオリヴァストロ・デ・ミレナーロ、ルーラス、2014年

オリヴァストロ・デ・ミレナーロ（千年のオリーブ）

❖ サント・バルトル、ルーラス、イタリア

　イル・パトリアルカと同じ森の中に、もう2本の野生のオリーブの古木が生えていて、この3本を千年のオリーブという意味のイタリア語で「オリヴァストリ・ミレナーリ」と呼んでいる。1991年にこの3本は環境省によって「天然記念物」に指定された。

　3本のうち最も若い木は樹齢およそ500年で、イル・パトリアルカに向かっておじぎをするように弓なりの形をしている。3番目の木は幹回り8.2メートルで、樹齢2500年と考えられている。イル・パトリアルカと違って、若い方の2本は立ち入り禁止のロープで保護されているわけではない。その枝の下を歩くと、まるで洞窟の中にいるような気がする。歴史の重みで垂れ下がった枝が暗い洞窟のような空間を作り、節くれだってねじ曲がった幹を間近に観察することができる。いたるところに洞や裂け目があり、樹皮に刻まれた顔が暗がりに隠れている。まるで『指輪物語』に登場する木の巨人エントそのものだ。

　ほぼ自然のままの状態に保たれているが、樹木の維持管理の目的で入場料が徴収されているため、それが少なくともある程度の保護につながっている。また、サルデーニャ島はこの森の長老のような木々と、長い歴史のあるオリーブの自然遺産を誇りにしている。私はサルデーニャ島で暮らす何人もの人々から、この島のオリーブオイルは「世界最高」だと言われた。味わってみれば、私もその意見に同意しないわけにはいかなかった。

樹齢500年のオリヴァストロ・デ・ミレナーロ、ルーラス、2014年

マドニエ自然公園

❖ シチリア島、イタリア

シチリア島の中北部にマドニエ山地がある。シチリアではエトナ山に次いで標高の高い山々が連なる場所で、マドニエ山地の最高峰ピッツォ・カルボナーラは標高1979メートルである。

これらの山々を縁取るように、高地に15の町や村がある。中世や、さらに古い時代に作られたもので、ギリシャ人、ローマ人、アラブ人、ノルマン人、そしてアラゴン人が次々と定住したシチリアの豊かな歴史を反映して、その名残が建築様式、芸術、料理、そして人々の風習に色濃く表れている。これらの町や村には、しばしば1日中厚いもやのような雲が垂れこめている。

この地域は島全体のわずか2パーセントの面積しかないにもかかわらず、標高の高さと微気象と呼ばれる局地的な気候の違いによって、シチリア島固有の植物相の50パーセントが集まっている。また、ヤマネコ、イノシシ、ヤマアラシ、ダマジカ、ノウサギ、キツネ、ハリネズミなど、シチリア島に住むすべての哺乳類をここで見ることができる。ヨーロッパ、アジア、北アフリカの中間に位置し、植物の十字路と称されることもあるマドニエ山地は、これらの大陸を原産地とする植物の宝庫であると同時に、この地域特有の数多くの珍しい種の生息地でもある。

そうした固有種のひとつであるシチリアモミ（Abies nebrodensis）は非常に希少なので、絶滅の恐れがある種として国際自然保護連合（IUCN）が作成したレッドリストに登録された。この木は野生状態では29本しか残っておらず、それぞれが綿密に測定され、番号を振られて目録に記入されている。17番のシチリアモミはその中でも最大で、ポリッツィ・ジェネローザという町に近いヴァローネ・マドンナ・デッリ・アンジェリ、すなわち「天使の聖母の谷」と呼ばれる場所で見ることができる。この木は樹齢150年から200年と考えられ、幹回りは1.85メートルで、おそらく自生しているシチリアモミの中では最高齢でもある。しかし、幹回り2.4メートルのさらに大きなシチリアモミがポリッツィ・ジェネローザのカステッロ・カサーレの庭に植えられている。

生きた化石であるシチリアモミは、およそ1万年前に最後の氷期が終わった後、世界の他の地域からは姿を消した。かつてシチリアモミはマドニエ山地全体に広がっていたが、過剰な伐採によって大部分が消滅し、1900年までに絶滅したと考えられていた。1957年になってようやく現在生き残っている木が発見された。それ以来、シチリアモミの保存とマドニエ山地での再植樹のための努力が続けられている。

マドニエのモミ、ヴァローネ・マドンナ・デッリ・アンジェリ

繁った葉の美しさ
川の悲しげな嘆き
アリアは応える木霊
すべてが心を震わせる
——ジョバンニ・メリ（1740-1815年）

マドニエ山地の斜面の高いところにはオリーブの大きな森が今も豊かに繁り、シッラートなどの地域では多くの古木が生き残っている。太陽で干したドライトマト、オレンジやレモンなどとともに、オリーブはこの地域でアグリツーリズモを提供する農園の主要作物である。アグリツーリズモとは、農家に泊って田舎生活を体験する旅で、農家で新鮮な作物を味わうのも楽しみのひとつだ。

ヨーロッパブナ（*Fagus sylvatica*）の森は、この山地全体に広がっている。ここは

オリーブ圧搾機、シッラート

この木がヨーロッパで自生できる地域の南限であり、ヨーロッパブナと、地中海沿岸を分布域とする常緑樹のセイヨウヒイラギガシ（*Quercus ilex*）が同じ場所で見られる。

ピアノ・ポモでは、このような森の中に317本のポラード仕立てのセイヨウヒイラギ（*Ilex aquifolium*）の林がある。高さ15メートル、幹回りは大きいもので8.1メートルに成長しているところから、これらの木はセイヨウヒイラギとしてはヨーロッパで最も古く、樹齢350年に達する木もあると考えられている。

1989年に、この地域の4万ヘクタールの土地がマドニエ自然公園に指定された。

とげだらけのセイヨウナシがセイヨウハシバミの木立を囲い、オリーブがクリの間で体をよじり、オレンジとリュウゼツランが楽しげに北方のオークと並んでいる。
——『時間（*L'Ora*）』、ジュゼッペ・アントニーノ・ボルジェーゼ、1905年

オリーブの古木、シッラート

カスターニョ・デイ・チェント・カヴァッリ（100頭の馬のクリの木）

❖ サンタルフィオ、イタリア

エトナ山の東の斜面のサンタルフィオ村に、おそらく世界で最も大きく、最も古いヨーロッパグリ（Castanea satia）であるカスターニョ・デイ・チェント・カヴァッリが立っている。

この木の名前は「100頭の馬のクリの木」という意味だ。15世紀にアラゴン王国の支配がカタルーニャからシチリアにまで及んでいたとき、アラゴン王家の娘でナポリ王妃となったジョヴァンナ・ダラゴナがシチリアを訪れた。随行した馬上の騎士100人とともに嵐に襲われ、この木の巨大な天蓋の下で雨宿りしたという故事にちなんでいる。地元にはこの逸話を裏づける確かな言い伝えが残っており、この村の広場には王妃にちなんだ名前がつけられている。

樹齢はおよそ3000年と考えられ、1780年に計測されたとき、幹回りは57.9メートルという途方もない大きさだった。17世紀初めに大量の栗を貯蔵するため、幹の洞に小屋が建てられた。栗は冬の重要な食料源だったのである。1871年までにこの木の大部分は朽ちてしまい、4本の太い幹だけが残って、それらは別々の木だと考えられていた。当時は残った太い幹と幹の間に馬車が通れる幅の小道が通され、長年の間に木にさらにダメージを与えた。

村人たちは、3人の聖人がサンタルフィオの村とこの木を、活火山であるエトナ山から守っていると信じており、村の名前もこれらの聖人にちなんでつけられている。1928年にエトナ山が噴火したときは溶岩流が間近に迫ったが、途中で流れが二手に分かれ、村の先頭にある聖人の像の手前で止まった。その痕跡は今もはっきり残っている。

この木は第2次世界大戦中に、シチリアに上陸した軍隊の軍用品によって運ばれた病気に感染した。1990年代初めには、旅行者がうつろな幹のひとつに入りこんでバーベキューをして火事になり、焦げた跡がまだ残っている。

現在は3本の幹だけが残っているが、そのうち1本は半ば倒れかけて、その幹から折れた枝で支柱を作って支えている。しかし、少し離れた場所から見れば、この木は確かに1本の木に見える。最近のDNA検査によって、すべての幹が同じ根系を共有していることが確認され、このヨーロッパグリの大木は実際にひとつの巨大な生き物だということが証明された。

カスターニョ・デイ・チェント・カヴァッリは木を腐らせる病気にかかっているが、専門家が何とか悪化を防いでいるおかげで、今でもたくさんの栗が実る。3000年前から実ってきた栗は、今も変わらず甘い。幸い、この木は新しい管理者によって見守られている。地元のボランティアが作るアルフィオ（Alfio）という団体が、1990年代に木を保護するために設置された丈夫な金属フェンスの鍵をしっかり保管している。2008年に、ユネスコはこの木を平和記念碑に認定した。

100頭の馬のクリの木、1837年

1本のクリの木は非常に大きかったので、ジョヴァンナ王妃が100人の騎士を伴ってエトナ山に赴く途中、突然激しい嵐に襲われたとき、雨や雷、そして稲妻を避ける傘となった。それ以来、谷あいに立つこの木とそこまでの道は、100頭の馬の偉大なクリの木と呼ばれるようになった。

——ジュゼッペ・ボッレッロ（1820-1894年）

100頭の馬のクリの木、2012年

100頭の馬のクリの木、2012年

イル・カスターニョ・デッラ・ナーヴェ（船のクリの木）

❖ サンタルフィオ、イタリア

その間に、先述のムスメチという人物が、禁令にもかかわらず（中略）先述の4本のクリの木を大胆にもばっさり切ってしまったので、この価値ある歴史的な木がこんなに野蛮な者の手で破壊されてしまったことに対して、地に伏して嘆き悲しんだ。
——ムスメチの行為をソラッティ大臣に訴えるランドリーナの告発状、1812年2月

カスターニョ・デイ・チェント・カヴァッリから続く道沿いに、もう1本の歴史的なヨーロッパグリ（*Castanea satia*）が立っている。名前はイル・カスターニョ・デッラ・ナーヴェ、つまり船のクリの木といって、ちょっと想像を働かせると、その巨大な幹が船のように見えるところからそう呼ばれるようになった。

この木は私有地に立っているが、道路からもよく見える。幹回りは根元で23メートル、4本の主枝は、地上から1.3メートルの高さで周長が6.4メートルから10メートルあり、それぞれが大木の太さを持っている。樹齢は1800年と推定され、樹齢3000年の名高い隣人カスターニョ・デイ・チェント・カヴァッリの後を継ぐには、まだ相当時間がかかりそうである。しかし、イギリス最古のトートワースのクリの木よりは、ゆうに300年は年上である。

地元の言い伝えによれば、この近隣には7本の歴史的なクリの木があって、セブン・ブラザーズと呼ばれていたが、現在ではこの有名な2本しか生き残っていない。1745年までに、管区の司教が法令を発してこれらの木を保護する方針が取られたが、1812年にマスカリ出身のアントニーノ・ムスメチという人が、炭焼きのために禁令に背いて4本の木を切り倒してしまった。

それ以来、残された木は村の大切な遺産と考えられるようになった。レモンやエトナ産のリンゴ、ブドウの木立の間でこれらの傑出したクリの木がこれほど長生きしているのは、エトナ山の肥沃な火山性の土壌がもたらす豊穣の印である。

イル・カスターニョ・デッラ・ナーヴェ、『オペラ・ディ・アパルテネンザ（*Opera di appartenenza*）』、ジュール・グルドー、1877年

イル・カスターニョ・デッラ・ナーヴェ、2012年

千年オリーブ

❖ サンタナスタジーア、イタリア

オリーブの古木、シチリア島、1920年頃

千年オリーブ、2012年

シチリア島はレモンの林で有名だが、オリーブは2500年以上前にギリシャ人が入植したときから、ずっとこの島で繁ってきた。当時、ギリシャ人はエーゲ海から進出して、彼らの風俗習慣や貴重なオリーブの木を各地にもたらした。イタリア南部とシチリアは「マーニャ・グレーチャ」、すなわち大ギリシャと呼ばれ、増加するギリシャの人口に食料を供給するための重要な戦略的拠点となった。

今日でもシチリア島ではオリーブの古木がサラセン・オリーブと呼ばれることがあるが、これは945年頃から1世紀にわたって続いたアラブ人による支配の名残である。最高のオリーブはシチリア島東部の沿岸で育つと言われている。エトナ山周辺の豊かで肥沃な火山性の土壌がオリーブを育てるからで、この地域には多数のサラセン・オリーブが繁っている。

カターニアから13キロメートル西に離れたサンタナスタジーアには、最も古いオリーブ(*Olea europaea*)のうちの1本が立っている。樹齢はおよそ1200年と考えられ、節くれだってねじれたうつろな幹は、幹回りが8.5メートルある。このオリーブは私有地の盛り土をした斜面に立つ古いオリーブ林の中にあり、今でも実をつけ、同じように年を経た数本の仲間のオリーブに囲まれている。このオリーブに至る道は、その名もふさわしくヴィア・デル・ウリーヴォ・ミレナリオ──千年のオリーブの道──という。

9月はドングリとオリーブを運んでくる。
　──シチリア島のことわざ

ケルナーのオーク

❖キャッスル・パーク、ダロヴィツェ、西ボヘミア、チェコ共和国

ケルナーのオーク、1902年

　考古学的研究によって、チェコにスラヴ人が住み着くより先に、ダロヴィツェには新石器時代の居住地があったことがわかった。ダロヴィツェの高台にある城(実際には厳密な意味の城というより館に近い)は1875年に建設されたものである。それ以前にあった城は3回火事で焼け落ち、そのたびに建て替えられた。最も古い城は12世紀にさかのぼる。

　キャッスル・パークにはチェコ共和国で最も古いヨーロッパナラ(*Quercus robur*、アカガシワ)のひとつが立っている。幹がうつろで、幹回り8.87メートル、高さ18メートルの、一度も萌芽更新のために幹を切られたことのない大木である。樹齢は500年から1000年の間と推定されているが、城が再建された1501年頃に植えられたと考えるのが最も自然だろう。

　この木はドイツ人の作家で軍人のテオドール・ケルナーにちなんで名づけられた。ケルナーは1811年に近隣のカルロヴィ・ヴァリに湯治に来て、この城に滞在中にオークの下に座って『オーク(*Die Eichen*)』という詩を作った。

　1813年4月、ケルナーはダロヴィツェを再訪した。今回はナポレオン戦争中にフランス人将校の剣によって頭に負ったひどい傷を癒すためで、おそらくフランス軍の追跡から匿われていた時期だと思われる。ケルナーはダロヴィツェに2週間滞在して怪我を治し、すぐさまナポレオンに対する解放戦争に復帰した。しかし同年の8月、ケルナーはドイツのローゼノーで起こった小規模な戦闘で狙撃され、致命傷を負った。弱冠22歳だった。ケルナーはヴェッベリン村のオークの木陰に埋葬された。

　1914年、ダロヴィツェの城の当時の所有者マチルデ・リードル・フォン・リーデンシュタイン男爵夫人が地元の彫刻家ルートヴィヒ・ティッシュラーにテオドール・ケルナーの像の制作を依頼し、それをオークの大木と向かい合うように立てた。

　かつてキャッスル・パークには9本のオークの大木が立っていたが、19世紀までに5本に減り、1世紀後にはわずか3本になり、20世紀初めにはケルナーのオークが最後の1本になってしまった。中世の放牧林の名残である

ケルナーのオーク、2015年

ケルナーの像、2015年

この木は、今ではそこに立っている限り、大切に保護されている。

このオークは聖なる土地に枝を広げている。勇敢な人々が私を選んだのは、この墓を守り、後世に伝えるためだ。類まれな雄々しき心臓がこの若者の胸で脈打っていたのだから。
──『ケルナーの生涯（Life of körner）』、クリスティアン・ケルナー（テオドールの父）、1827年

古きよき日に名を馳せた
昔日のドイツ国民の愛国心の美しい姿。
燃え立つ喜ばしい献身によって、自由な人々が命を賭して祖国の礎を築いたのだ。
新たな苦悩がなぜ必要なのか？　ああ、なんたることか！
各々がそれぞれの苦悩を感じている。
強きものすべての中で最も強き、祖国ドイツよ、そなたは屈辱の中にあり。
年老いたオークは今もここに立つ。
──『オーク（Die Eichen）』、テオドール・ケルナー、1811年

ケルナーのオーク、2015年

北半球──チェコ共和国 | 113

ペトロフラトのオーク

❖ ペトロフラト、西ボヘミア、チェコ共和国

神聖ローマ皇帝カール4世が1356年に公布した金印勅書によって、神聖ローマ帝国からのチェコの独立が実質的に認められたのち、チェコ貴族のペーター・オブ・ヤノヴィツェは1360年にプラハから80キロメートル西の田舎の土地にゴシック建築の城を築いた。彼にちなんで「ペーター城」と名づけられた（村の名前はこの城に由来している）この城は、ペーターが築いたボヘミアの要塞だった。

ペトロフラトのオーク、1945年頃

ペトロフラトのオーク、1945年頃

城の敷地は伝統的な北ヨーロッパ様式の放牧林になった。15世紀には、城は住む者もなく荒れ果てていた。城の廃墟の中に監視塔が残っている。

昔の城は見る影もないが、ペトロフラトの村が中世に誕生したという明らかな証拠が城の南西に残っている。道端の小さな空き地に立つ幹回り9.18メートル、高さおよそ22メートルのオークで、チェコ共和国で最大、最古のヨーロッパナラ（*Quercus robur*、アカガシワ）のひとつである。幹はうつろだが、現在も生命力にあふれ、枝葉を盛んに繁らせている。深いしわが刻まれ、苔むした樹皮が樹齢750年のオークを包んでいる。おそらく、城が建設されてまもなく、ここに植えられたものと思われる。

その頃、ボヘミアの信仰の中心はキリスト教だった。しかし、この木を訪れたとき私の頭に浮かんだのは、異教の神スヴァントヴィトを信仰するスラヴ人の宗教である。この信仰は、1168年にキリスト教徒のデンマーク王ヴァルデマー1世がアルコナの神殿を破壊するまで続いていた。アルフォンス・ミュシャの『スヴァントヴィト祭』（1912年）は、この画家が20枚の大カンバスに描いた連作「スラヴ叙事詩」の中の1点で、プラハのフェア・トレード・ホールに展示されている。異教の祭とゲルマン民族によるスラヴ人の支配を描いたこの作品の中で、スヴァントヴィトはスラヴ人を守るために剣を高く掲げ、オークの大木の樹冠から予言を唱えている。

ペトロフラトのオーク、2015年

カルロヴォ・ナームニェスティーのモミジバスズカケノキ

❖ プラハ、ボヘミア、チェコ共和国

スラヴ人の居住地は6世紀からプラハ周辺の山すそに存在し、880年頃プラハ城が建造されるのに先立って、防衛のために丘の上に移動した。

この都市はヴルタヴァ川をまたぐように成長して古い町を作った。城の南のペトシーンの丘は、オーク、ブナ、シデ、クリが豊かに繁った昔のプラハの姿を想像させる。

14世紀にカール4世が「新都」建設に着手し、この都市をかなり拡大した。中央広場は1348年に建設され、カール4世（カルロヴォ・ナームニェスティー）にちなんで名づけられた。当時はヨーロッパ最大の広場で、牛市場が開かれた。

広場は19世紀半ばに公園になり、植林が計画された。根元の幹回り7.95メートル、高さ17メートルの節くれだってねじれたうつろな幹のモミジバスズカケノキ（Platanus × acerifolia）の大木が、周囲の木々を見下ろすように立っている。最も低い枝は、ほとんど地を這うように横に数メートル伸びて上に垂直に曲がっており、金属製の支えがあてがわれている。

このモミジバスズカケノキは、17世紀にスズカケノキとアメリカスズカケノキをかけあわせて作られた交配種だが、スペインとロンドンのどちらが先に育種に成功したかで、いまだに論争が続いている。この種は都会の環境に順応しやすく、剥がれやすい樹皮と強い光沢のある葉が汚れを寄せつけないので、北半球全体で都市によく植えられている。

公園のモミジバスズカケノキの前に立つと、市庁舎が目に入る。この市庁舎は1419年に第1次プラハ窓外投擲事件の舞台となった。この年、フス派の群衆がヤン・ジェリフスキーを先頭に、世情の乱れはカトリック教会が原因だと批判してデモを起こした。群衆は市庁舎に押しかけ、投獄された仲間の釈放を要求した。議員たちはこれを拒否し、フス派目がけて石が投げつけられた。憤ったフス派は市庁舎になだれ込み、7人の市参事会員が塔の窓から投げ出され、地上で槍を持って待ち構える群衆の餌食になった。

だってわたしたちは雪中に立つ木々の幹のようなものなんだから。一見それらの幹は、するりとのっかっているように見える。だからちょっと突いてやれば、押しのけられそうに見える。だがだめだ、そうはいかない。だって幹は、しっかり大地に結びついているんだから。ところがどうだ、それさえ見かけにすぎない。

——『木々』、フランツ・カフカ、1913年（『カフカ自撰小品集』所収、吉田仙太郎訳、みすず書房、2010年）

カルロヴォ・ナームニェスティーのモミジバスズカケノキ。市庁舎の塔が右後方に見える。2015年

アールパードのオーク、2012年

アールパードのオーク

❖ ヘーデルヴァール、ハンガリー

　樹齢800年を超えるアールパードのオーク（Quercus robur）は、ハンガリーで最も古い木だと考えられている。幹回り7.22メートルのこのヨーロッパナラは、おそらくこの国で最も太い木でもあるが、最も高い木というわけではない。長く生きたオークにはよくあるように、幹は完全にうつろで、中を通り抜けることができる。主枝が数本折れてしまい、樹冠の形は損なわれている。実際、葉をたくさん茂らせている枝は1本しか残っていないが、私が4月の終わりに訪れたときは、この木は青々として元気いっぱいのように見えた。今でもドングリをたくさん実らせているのは、前年の秋のドングリが地面に散らばっているのを見れば明らかだった。1本だけ残った大枝は、頭上でそよ風に揺れて不吉な音を立てていた。

　アールパードのオークは、ハンガリー北西部のスロバキアとの国境から5キロメートルしか離れていないヘーデルヴァール村の教会の庭に立っている。アールパードは、9世紀末にウクライナ南部から移住してきたマジャール人の指導者の名前である。彼は900年までにハンガリーの東部と西部の大半を征服し、その土地をマジャール人の祖国とした。

　言い伝えによれば、アールパードは自分の王国を端から端まで視察に出かけたとき、馬をこのオークの大木につないだという。木の幹に残る跡はそのときについたものだと言われている。歴史的に見れば、この話が真実であるためには樹齢が少なくとも1100年でなければならない。しかし、アールパードのオークが推定された樹齢よりも古い木だという可能性はある。イギリスや北ヨーロッパのオークは、それくらい長生きであることがわかっている。

　ハンガリーを国家として統一したのは、アールパードの玄孫にあたるイシュトゥヴァーン1世だと一般に考えられている。彼は部族による支配をやめ、伯爵が県を治める制度に改めた。イシュトゥヴァーンは1083年にキリスト教の聖人として列聖された。ブダペストの聖イシュトゥヴァーン大聖堂に、ミイラ化した彼の手が遺物として保管され、「聖なる右手」と呼ばれている。アールパード朝は1301年まで続いた。

　アールパードのオークは、現在は保護され、2007年からは大きな木製の支えがあてがわれている。ハチ、アリ、甲虫類、そして無数の無脊椎動物がこの木を住みかにしている。周囲には代々のヘーデルヴァーリ伯爵の墓と、前ハンガリー首相クエン＝ヘーデルヴァーリ・カーロイ（1888-1960年）の墓が並んでいる。

8人のマジャール人族長を率いるアールパード王。王に対する忠誠を誓って、すべての族長が血で署名した血判状を王が持ち、誓いを破れば死によって罰せられた。

アールパードのオーク、2012年

北半球——ハンガリー | 117

樹齢800年のセイヨウトチノキ、ケーセグ、1930年頃

ケーセグのセイヨウトチノキ

❖ケーセグ、ハンガリー

アルプス山脈のふもとのオーストリアとの国境からわずか1.6キロメートルの位置にあるキングス・バレーに、ヨーロッパ南東部を原産地とするセイヨウトチノキ（*Aesculus hippocastanum*）の巨木がひっそりと名残をとどめている。

この木はまず1864年に歴史家のカールマン・チャーネルによって注目され、1917年に当時の所有者だったグスタフ・チェケによってケーセグ市に寄贈された。1930年に写真（左頁）が撮影されたときは、うつろな幹は幹回り10.5メートルに成長していて、おそらくハンガリーで最大の木だったと思われる。このセイヨウトチノキは1963年に枯れ、二度と葉をつけないまま、とうとう1981年にほとんど朽ち果てた状態で切り倒された。

木の一部が特別製の屋根の下に展示され、元の幹がどれほど大きかったかを伝えている。洞の中に巣を作っているハチを怒らせないように急いで計ってみると、幹回りは9.5メートルだった。ずいぶん前に樹皮がなくなったことを考えると、この数字は昔の計測が正しかったことを裏づけている。

年輪を調べてみると、330個の年輪の層が残っていた。失われたうつろな幹の部分の年輪150層を加えると、この木の芽生えは1480年代と推定される。マーチャーシュ正義王が、神聖ローマ皇帝フリードリヒ3世の手からケーセグを奪還した頃である。

キングス・バレーの斜面には、セイヨウトチノキの成木の林が1.6キロメートル足らず離れた中世の都市ケーセグまで続いている。

1532年にハンガリーがオスマン帝国から3度目の襲撃を受けたとき、ケーセグは主戦場となり、14世紀に建てられた城の城主だったミクローシュ・ユリシッチは、オスマン帝国の大宰相イブラヒムの率いる8万の軍勢に包囲されながら、15日間耐え抜いた。この戦いを記念して、1777年からこの町の教会の鐘は、オスマン帝国軍が撤退した時刻の11時に鳴らされるようになった。

ケーセグのセイヨウトチノキの名残は、ハンガリーの長い激動の歴史の記念品のひとつである。しかし、この木は、世界が生命の樹の形をしているというハンガリー人の神話的な信仰の象徴でもある。神々が住まう天上界は生命の樹の繁った葉の中に、人間と神話的な生き物が住む地上界は幹に、そして罪を犯して死んだ者の霊と悪疫の創造者エルデグが住む地下世界は、根の部分にあると考えられた。そして魔力を持つタルトスと呼ばれる者だけが、この3つの世界を行き来できる。死ぬと、人々の魂は黄泉の国で永遠の平和を見いだすか、地下世界で永遠の罰を受ける。そして昔は、天に昇るか地に落ちるかは、どれほどよく生きたかによって決まると考えられていた。

マーチャーシュが死に、正義は絶えた。
——ハンガリーのことわざ

切り倒されたセイヨウトチノキの一部、2012年

ニセアカシア

❖ ブダペスト、ハンガリー

　ニセアカシア（*Robinia pseudoacacia*）はハンガリーの国樹だが、この木は1601年に、フランス王室の主任庭師J・ロバンによって初めて北アメリカからヨーロッパにもたらされた。ハンガリーでは他のどの場所よりもこの木がよく育ち、野生化して、いまや国の森林面積の20パーセントを占めるまでになっている。

　ドナウ川東岸にあるセーチェーニ・イシュトヴァーン広場のニセアカシアは樹齢150年を超え、ペスト一番の古木と考えられている（ブダペストはかつてドナウ川西岸のブダと東岸のペストに分かれていた）。この広場はドナウ川にかかる鎖橋のたもとにある。名前の点でも地理の上でもふたつに分かれていたブダペストを、初めて結びつける役割を果たしたのが鎖橋だった。節くれだってねじれ、傾いた幹はいかにも古木の趣があり、木製の支柱で支えられている。しかし、この木は今も夏になると白い房状の花をつけ、ハンガリー名産の芳しいアカシア蜂蜜を生みだしている。

ニセアカシア、2012年

マイケル・ジャクソン記念樹

❖ブダペスト、ハンガリー

マイケル・ジャクソン記念樹、2012年

　ブダペストの中心部に、ハンガリーではよく見かけるポプラセイヨウハコヤナギ（*Populus nigra*）の美しい木が立っている。この木はとりたてて古くも大きくもないが、ここで紹介するのは特別な理由があるからだ。

　歌手でダンサーのマイケル・ジャクソンは、ブダペストを3回訪問したとき、ケンピンスキー・ホテルのプレジデンシャル・スイートに泊まった。ホテルの窓越しにスターを一目見ようと、道路を隔てたエルジェーベト広場のセイヨウハコヤナギの木陰にファンが集まった。そしてこのポップスの帝王もまた、しばしば手を振ってファンの熱意に応えた。

　2009年6月にマイケルが亡くなると、ハンガリーのファンはこの木を彼に捧げて「マイケル・ジャクソン記念樹」と名づけ、今日までずっと幹に写真や似顔絵を貼り、花を植え、命日には追悼のためにキャンドルを灯し続けている。

　毎年マイケルの誕生日の8月29日には、ファンがブダペストの路上で突然ダンスを踊り出す「フラッシュモブ」のパフォーマンスを企画し、マイケル・ジャクソンのダンスを披露している。

マイケル・ジャクソン記念樹、2012年

> 陽気な緑のセイヨウハコヤナギが
> ばら色の夜明けに楽しげに踊る。
> ——ガルシラソ・デ・ラ・ベガ（1501頃－1536年）

スズカケノキの巨木

❖ トルステノ、クロアチア

ドゥブロヴニクから19キロメートル北にある中世の海岸の村トルステノに、ヨーロッパ最大の体積を持つ2本のスズカケノキ（*Platanus orientalis*）が立っている。この2本は、コンスタンティノープルから訪れた外交官が贈り物として持ってきた5本の木の生き残りだと考えられている。500年以上前に市場の泉の周りに植えられ、それ以来、その場所で木陰と燦然とした緑の輝きを与えてきた。

1806年にナポレオン・ボナパルトが帝国の拡大を目指し、侵略軍を率いてドゥブロヴニクに侵攻する途中でこの広場を通った。そのとき2本のスズカケノキのうち大きいほうの枝が折れて、軍隊の前進を阻んだ。ナポレオン軍が枝を取り除いて進軍を再開するのに2日かかり、その間にドゥブロヴニク議会は市の防衛策を協議し、トルステノの司祭はスズカケノキを守るために協議した。

1960年代に、2本のうち大きいほうの木が危機一髪の目にあった。地元の男性が、幹回り11.73メートルのうつろな幹の中にできたスズメバチの巣を駆除しようと火をつけたのである。消防団が駆けつけて、木は難を逃れた。

しかし、ユーゴスラビア紛争では、トルステノの平和を守るのは難しかった。

1991年10月、ユーゴスラビア人民軍は空と海から攻撃をしかけ、この土地の人々の文化を一掃しようと、スズカケノキの隣にある植物園の大半を破壊した。

2000年には森林火災によって植物園はさらに被害を受け、4万8562ヘクタールが焼失した。しかし、2本のスズカケノキは奇跡的に、どちらの災害にも傷つくことなく切り抜けた。

1990年代に、大きいほうの木に自動車が衝突して傷が残ったが、大事には至らなかった。2007年には、このスズカケノキから落下した枝にあたってフランス人旅行者が亡くなるという不幸な事故が起こった。この事故をきっかけに樹冠が縮小され、安全のために柵が設けられた。残った主枝はコンクリートの柱で支えられている。

アドリア海のクルーズ旅行に出かける父にこのスズカケノキの写真を撮ってきてほしいと頼んだところ、父は時間を忘れて危うく帰りの船に乗り遅れるところだったが、何とかこの木はカメラに収まった。

銀だろうと金だろうと、いや命そのものでさえ、そなたの純粋で崇高な美しさが与える喜びには換えられない。
——『ドゥブラヴカ（*Dubravka*）』、イワン・グンドゥリッチ、1628年

トルステノのスズカケノキの巨木、1909年

スズカケノキの巨木のうち大きい木、2011年

プラトンのオリーブ

❖ アテネ、ギリシャ

ギリシャ神話では、オリーブの起源は戦いと知恵の女神アテナにあるとされている。アテナと海の神ポセイドンは、どちらも我こそはアテネの町の守護神だと名乗りを上げた。この論争に決着をつけるため、神々の王ゼウスはふたりの神からアテネ市民に贈り物をさせ、市民にどちらかを選ばせることにした。アクロポリスの丘で、ポセイドンは三叉槍で大地を突いて塩水の泉を湧きださせ、アテナはオリーブの木を贈った。オリーブは木陰を作り、木材になり、果実とオイルを利用できるので、より有益だと考えられた。アテナが守護神に選ばれ、この都市はそれ以来ずっと、この女神にちなんだ名で呼ばれるようになった。

毎年、この女神の誕生日を祝うために、アクロポリスの丘のアテナ神殿でパナテナイア祭が開かれた。祭典では行進や、羊や牛の犠牲の儀式、アテナ像への聖衣の奉納、そしてスポーツや音楽の競技会で優勝した者へ賞金やオリーブオイルの贈呈が行なわれた。

アテネから1.6キロメートル北西に、アテナに捧げられたオリーブの古い林があった。この林は、紀元前404年にスパルタがアテネを侵略したときも略奪を免れた。スパルタ人もアテナを崇拝していたからである。この場所に、のち著名な哲学者にして数学者、そしてソクラテスの弟子であるプラトンが

アカデメイアで教えるプラトン。カール・ヨハン・ヴァールボム画、『スウェーディッシュ・ファミリー・ジャーナル』(1864–1887年)

紀元前387年頃にアカデメイアと呼ばれる学園を創立した。アカデメイアは紀元前86年まで存続したが、この年にローマの将軍ルキウス・コルネリウス・スッラがアテネを包囲し、アカデメイアを破壊して、軍の燃料に利用するために多くの木を伐採した。

しかし、少なくとも1本の木が生き残ったか、あるいは切り株から出芽して、プラトンのオリーブ (*Olea europaea*) と呼ばれる木になった。近代に入った頃、この木は雄大な姿となり、節くれだったうつろな幹に生きた枝が数本残っていた。しかし、1976年10月7日に惨事は起きた。バスが正面衝突し、木が根こそぎ倒れてしまったのである。幹の残骸はアテネ農業大学に運ばれ、ガラスケースの中で保存され、展示されている。プラトンのオリーブはふたたび学び舎の一員となり、大学は元の場所に新しい木を植えた。もしプラトンのオリーブが本当にアテナに捧げられた神聖な林の生き残りなら、その枝の下でプラトンが教えを説き、アリストテレスが学んだことだろう。そして樹齢は2500年を超えていたはずである。

ご覧じなされ、プラトンの住みなせる学園のオリーブの森を。長い夏を、アッティカの鳥は、重々しい囀りの調べを奏でています。
――『楽園の回復』、ジョン・ミルトン、1671年（『楽園の回復・闘牛士サムソン』、新井明訳、大修館書店、1982年）

材木が不足してきたので、彼は神域の森に手をつけ、また近郊で最も木の繁ったアカデメイア（中略）も荒らした。
――『プルタルコス英雄伝』より『スルラ』、プルタルコス、1世紀（『プルタルコス英雄伝』、村川堅太郎編、ちくま書房、1996年）

プラトンのオリーブ、1920年頃

プラトンのオリーブの幹の残り、アテネ農業大学所蔵

北半球――ギリシャ

イリヤ・ヴーヴォン（ヴーヴェスのオリーブ）

❖ アノ・ヴーヴェス、ギリシャ

イリヤ・ヴーヴォン、2012年

クレタ島では紀元前2000年代からオリーブが栽培され、ミノア文明はオリーブの生産によって地中海地域で1000年にわたる経済的優位を築いた。この文明は、神話の怪物ミノタウロスを閉じこめていたクノッソスのミノス王にちなんでミノア文明と名づけられ、ヨーロッパで最初の主要な文明だと言われている。現存しているこの時代の記録を見ると、文化や経済上のオリーブの重要性がはっきりと示されている。

クレタ島から北に約100キロメートル離れたフィラ島［現在のサントリーニ島］の火山の大噴火の後、ギリシャ本土から好戦的なミケーネ人が混乱に乗じてクレタ島に侵入し、征服した。興味深いことに、樹木の年輪の研究によって過去の出来事の年代を測定する年輪年代学により、この噴火の時期は紀元前1628年頃だったことがわかっている。カリフォルニアのブリッスルコーンパインとアイルランドの沼地に埋もれていたオークを調べると、この時期は年輪の幅が狭くなっており、噴火が地球全体に及ぼした災害の大きさを物語っている。

ミノア文明とミケーネ文明というふたつの大きな文明が消滅してしばらくたってから、クレタ島西部のアノ・ヴーヴェス近郊で、栽培種のオリーブが野生のオリーブに挿し木された。およそ3000年たった今も、このオリーブはそこに立っている。うつろでねじれた幹は生きた彫刻のようで、この木はまるで自然に生えたというより、何本かの木をより合わせたように見える。近くでよく見ると、樹皮に埋めこまれたいくつもの顔が、こぶだらけの幹から覗いている。

1957年にカラパタキという人がこの場所に家を建てたとき、彼は木を抜いてしまうように勧められた。しかし、この古代のオリーブ（*Olea europaea Masteoidis*）の重要性を知って、彼はこの木を自治体に寄贈することにした。そしてこのオリーブは特別な法令によって天然記念物に指定された。

1994年に放射性炭素年代測定法によって、樹齢は3000年を超えると推定された。近くの村に紀元前700年までさかのぼる墓地があるので、その時期にこの周辺で人間が生活していたのは間違いない。

うつろな幹を計ってみると、幹回りは7.42メートルあった。しかし、この木の途方もない樹齢を考えれば、こうした数値をあえて出す必要もないだろう。

母親は、娘と付き添いの者たちが沐浴のときに使えるように、黄金の容器に入れたなめらかなオリーブオイルを娘に持たせた。

──『イーリアス』、ホメロス、紀元前800年頃

珍しい雪の中のオリーブ、2004年

イリヤ・ヴーヴォン、2012年

イリヤ・ヴーヴォンのさまざまな顔。老賢人、恋人たち、怪人、2012年

オリーブ圧搾機、アノ・ヴーヴェス、2012年

　古代ギリシャのオリンピックでは、優勝者は栄誉の印にオリーブの葉で編んだ冠を授けられた。2004年にアテネで開催された第28回オリンピック大会では、記念行事としてアノ・ヴーヴェスの歴史的なオリーブの枝を切り、特別な式典を開いて冠を作った。その冠は、その年の男子マラソンの優勝者に与えられた。

　毎年10月にはアノ・ヴーヴェスで収穫祭が開かれ、地元の議員や名士がクレタ島産オリーブの重要性と品質を称えるスピーチをして、順番にオリーブの古木から実を収穫する。この木は3000年たった今も実をつけるのである。私が2012年の収穫祭に訪れたときは、大きな籠ふたつがオリーブの実でいっぱいになり、その実を絞って作ったオイルは特別な招待客や訪れた有名人に贈られた。

　今日では、クレタ島の総面積の25パーセントがオリーブ林で覆われ、農業人口のほぼ全体がオリーブ生産に従事している。地元の人々がオリーブの木を大切にするのも当然で、オリーブオイルはクレタ島の主要な輸出品であるばかりでなく、クレタ島の住民は、世界のどの国民よりもたくさんのオリーブオイルを消費している。

　オリーブの木は、昔から平和、繁栄、知恵、そして純潔の象徴だった。アノ・ヴーヴェスのオリーブは、ギリシャ神話のゼウスやアテナの生誕の地であるクレタ島で、この古くからの伝統を守っている。これからもそうあってほしいと祈るばかりだ。

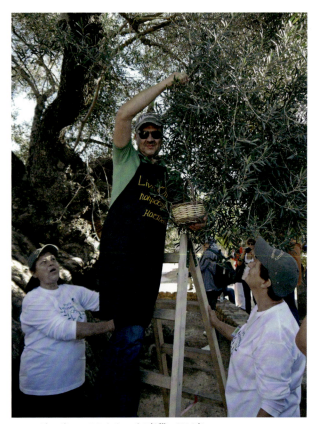

アノ・ヴーヴェスでのオリーブの収穫、2012年

アノ・ヴーヴェスで収穫されたオリーブ、2012年

ドロモネロのスズカケノキ

❖ ドロモネロ、ギリシャ

アノ・ヴーヴェスから南に向かい、上空を旋回するノスリやハゲワシに見下ろされながら山を登っていくと、道路の脇に大きなスズカケノキ（*Platanus orientalis*）があった。よく見ようと車を止めると、駐車した場所のすぐ横にもっと大きな木が立っているのに気づいた。その木は巨木と呼ぶにふさわしく、その幸運に私は有頂天になった。地元の女性が近づいてきて、この木の樹齢は少なくとも1000年だと熱心に語った。

幹回りは7.9メートルだったので、もう少し若い木の可能性もあったが、ずんぐりしたねじれた幹とうつろな主枝は、その木の古さを十分物語っていた。ドロモネロ村の中心に立つこのスズカケノキは、クレタ島の焼けつく日差しを遮る天然の日よけとなり、その場からクレタ島の西の丘陵地帯の目の覚めるような景色が見晴らせた。

スズカケノキがギリシャの本土やその島々の原産かどうかはわからないが、この木が古代ギリシャ人にとって神聖なものだったのは間違いない。トロイア戦争のとき、アガメムノーン王はトロイアに向かって船出する前に、スズカケノキの下で犠牲を捧げて神々の加護を祈った。そして、その美しさが千隻の船を動かしたヘレネー自身も、スパルタのスズカケノキの林に聖域を持っていた。クレタ島には、プラタネスやプラタニアスなど、スズカケノキ［属名をプラタナスという］が生えていたことを示す地名がいくつかある。

私はギリシャ神話のダイダロスとその不運な息子の話を思い浮かべた。人類が初飛行するなら、この場所が理想的な滑走路になると思ったからだ。神話では、ダイダロスとイカロスはここから約100キロメートル東のイディ山から一直線に飛んだことになっている。

ダイダロスはミノス王の怒りから逃れるために、人類初のハングライダーを作ったのだろうか。

通りかかる人が読めるように、樹皮にドーリア文字で「私を敬いなさい。私はヘレネーの木である」と刻まれるだろう。
──『ヘレネー祝婚歌（*Epithalamium of Helen*）』、テオクリトス、紀元前3世紀

モニュメンタル・オリーブ

❖ パレア・ルマタ、ギリシャ

1941年に、ドイツのパラシュート部隊から島を守るために戦ったクレタ島の市民を描いたパレア・ルマタの銘板。

ドロモネロからさらに南に向かい、曲がりくねった山岳道路に沿って古いオリーブ林を抜けると、歴史のあるパレア・ルマタ村に行きつく。ヴァヴェルド渓谷の先端にあり、クレタ島の南岸と北岸の中間に位置するこの村には、モニュメンタル・オリーブと呼ばれるオリーブの古木がある。地表から0.8メートルの高さで計測した幹回りは10.5メートルあり、アノ・ヴーヴェスの有名な木と同じくらい古く、樹齢およそ3000年と考えられる。どちらのオリーブも、島民から「ツォナティ」と呼ばれるオリーブ（Olea europaea Masteoidis）がクレタ島に初めて植えられたときからこの島に生えている。

しかし、この木がアノ・ヴーヴェスのオリーブと違うのは、こちらは樹齢500年から2000年の十数本のオリーブの林に囲まれている点だ。自動車が普及するまで、パレア・ルマタは旅行者が気軽に行ける場所ではなかった。やや辺鄙な地域にあるということと、周辺の山々によって厳しい天候から守られていたことによって、この歴史ある林は時の試練に耐えて生き延びた。しかし、2008年2月のかつてない凍えるような豪雪によって、多くの木がだめになった。

この村は農村らしさを維持したまま、伝統的な農業経済を守り、産業用のオリーブの若木の林が有名な古いオリーブ林に並んで立っている。

1669年から1898年にかけてオスマン帝国がクレタ島を支配したときは、反逆を企てるキリスト教徒の村人がピトス（大きな貯蔵用の甕）に武器を入れ、パレア・ルマタのモニュメンタル・オリーブの洞窟のようなうつろな幹にその甕を埋めて隠した。

およそ2世紀後の1941年、ナチス・ドイツの空軍がクレタ島に侵攻し、1万7000人のパラシュート部隊が島に降下した。クレタ島の防衛軍は、ときには岩や農具だけを武器に侵略者と戦い、敵に甚大な被害を与えたため、ヒトラーはその後二度と空挺作戦を実施しようとしなかった。この歴史的なオリーブのかたわらで、島を征服したドイツ軍に対する抵抗運動が話し合われ、この木の幹はふたたび武器庫となった。

有名なオリーブの古木の側で育てられるオリーブの若木。パレア・ルマタ、2012年

モニュメンタル・オリーブ、2012年

北半球——クレタ島 | 131

ヒポクラテスのスズカケノキ

❖コス・タウン、ギリシャ

はるか昔、コス島がうっそうとした森林に覆われていた時代があった。この島は現在でもギリシャの島々の中で最も緑が多い島に数えられるが、ギリシャ人、エジプト人、ローマ人、十字軍、トルコ人、ナチス、そしてイタリア人が次々にこの島を征服し、天然の森林資源に大きな打撃を与えた。コス島がようやくギリシャにふたたび帰属を果たしたのは1947年になってからで、今日、ギリシャがこの島に強力な軍備を敷いて防衛しているのは無理もないと言えるだろう。

侵略と森林破壊を生き延びた1本の木がある。言い伝えによれば、この木はおよそ2400年前に、ヒポクラテスがその手でコス島のプラタヌ広場に植えたという。西洋医学の父と呼ばれるヒポクラテスにちなんで、この巨木はヒポクラテスのスズカケノキ(*Platanus orientalis*)と呼ばれている。緑の金属製の枠で支えられ、外観は多少損なわれているが、この枠がなければ、うつろで朽ちかけた幹はその巨大な樹冠を支えられないだろう。以前はトルコ人が立てた柱で支えられていたが、1933年にこの町の大半を壊滅させた大地震によって、この柱は倒壊してしまった。

この木は、ヒポクラテスが木陰で弟子に教え、聖パウロが伝道の旅の途中で福音を説くのを見ていたと言われる。その頃は真北にある聖ヨハネ騎士団の城はまだ建設されておらず、高台にあるプラタヌ広場から海の向こうのトルコまで見晴らせただろう。この木にまつわる最悪の出来事は1821年に起こった。92人のコス島の市民が、ギリシャ独立戦争に協力したという理由で征服者のオスマン帝国によってこの木の枝で絞首刑にされたのである。

毎年9月5日に、地元の女性たちがオリーブの枝と実、そしてヒポクラテスのスズカケノキの葉で編んだ花輪を使って儀式を行なう。古い花輪と新しく作った花輪を持ち、古い方を海に向かって投げ、新しい方を波打ち際に置いて、波に40回洗われるまで待つ。それから女性たちはスズカケノキに戻り、長寿な木にあやかって健康を授かるように祈りながらその幹に触れる。この儀式は新たな1年の始まりの象徴である。

ヒポクラテスのスズカケノキ、2013年

この木のもとでヒポクラテスの誓いを立てるために、世界中から医学生が集まってくる。それは2400年間唱えられ続けてきた、医学への献身の誓いである。

私が計ったとき、この木の幹回りは6.25メートルだったが、古い写真と、この木の昔の広がりを示す確かな痕跡を考えると、かつては2倍の大きさがあったと推定される。

昔はもっと大きかった幹の名残のひとつが今も葉を茂らせ、この木が他の木と根系を共有しているという説を裏づけている。現在の木がこれ以上生きられなくなったとき、周囲を壁に囲まれた土地の西の端に立つ幹がその後を継ぎ、伝統を後世につなげてくれるように祈っている。

私は能力と判断にしたがって患者を利すると思う治療法を用い、悪くて有害と知る方法を決してとらない。

——ヒポクラテスの誓いの第4条

ヒポクラテスのスズカケノキ、1910年

ヒポクラテスのスズカケノキの大きく口を開けたうつろな幹、2013年

ヒポクラテスのスズカケノキが立っているコス・タウンとは反対側の、コス島の最西端の半島にケファロスという町があり、そこでヒポクラテスは紀元前460年頃に生まれたと考えられている。コス島で2番目に古いスズカケノキが、ケファロスから7キロメートル南のアギオス・イオアニスの聖ヨハネ修道院の廃墟の隣に生えている。太い幹と、低く張り出した枝が支柱で支えられた木だが、コス島で最も有名な木に比べれば印象は薄い。

　ヒポクラテスが生まれ故郷からコス・タウンを目指したときのように、ケファロスから東へ向かうと、途中でプラカの森を通る。この島に残る最大のコス島マツの森で、現在ではクジャクが住みつき、コス島の強い日差しを避けてピクニックをする場所として地元の人々に人気がある。

　コス・タウンの西に、この島で最も印象的で重要な考古学的遺跡がある。

ヒポクラテスの像、コス・タウン、2013年

それはギリシャの治癒の神アスクレピオスに捧げられた、アスクレピオンと呼ばれる神殿である。アポロン（光の神、アスクレピオスの父）に捧げられた聖なるイトスギの林の中に建設され、医師たちはそこで病気や不調の治療法を見つけるために、患者の夢診断をし、動物を焼いて神々に捧げた。

私たちの中の自然の力こそ、病の真の治癒者である。

——ヒポクラテスのものと伝えられる言葉

　ヒポクラテスはアスクレピオンで患者を治療し、医学を研究した。しかし、医学に対するヒポクラテスの貢献の偉大さは、病気が神々から下される罰ではなく、自然の仕組みによって起きると主張した点にある。ヒポクラテスの治療は患者の療養と予後に重点を置き、

アスクレピオンを取り巻く聖なるイトスギ、2013年

自然の治癒力を信頼し、薬草や植物の持つ天然の治癒作用を利用した。休息と安静は治療の重要な要素のひとつだった。ヒポクラテスとその弟子たちの学派は、多数の医学的な症状の原因を初めて究明したことで知られている。

ヒポクラテスの名声は生前から遠くまで伝わり、古代世界の各地にヒポクラテスの治療を受けたいと熱望する人々がいた。彼が書いたと言われるヒポクラテスの誓いは、医療に従事する者が守るべき倫理の本質を表し、現在も世界中の医師によって唱えられている。

2006年に、アスクレピオンの近くにヒポクラテス植物園が開園した。ヒポクラテスとその弟子たちがはるか昔に自然の治療薬として利用したと考えられている250種の薬草や植物のうち、これまでに140種がその植物園で栽培された。

プラカの森のカサマツ、2013年

ヒポクラテス植物園から見たオリーブ林、2013年

エル・ドラゴ・ミレナリオ（千年のリュウケツジュ）

❖ イコー・デ・ロス・ビノス、テネリフェ島

リュウケツジュ、『大地、海、空（Earth, Sea and Sky）』、ヘンリ・ノースロップ、1887年

ドラゴンが死ぬと、リュウケツジュになる。カナリア諸島ではそう言い伝えられている。カナリア諸島はマデイラ島やカボヴェルデ、そしてモロッコ西部と並んで、リュウケツジュが自生する限られた場所のひとつだ。

カナリア諸島で最大、最古のリュウケツジュ（Dracaena draco）は、テネリフェ島の北西部にあるイコー・デ・ロス・ビノスの町のパルケ・デル・ドラゴ、つまりリュウケツジュ植物園に立っている。千年のリュウケツジュを意味するエル・ドラゴ・ミレナリオは、名前が示すほど古い木ではないと考えられている。せいぜい樹齢600年というところだが、幹回り10メートル、高さ20メートル以上という途方もない大きさのせいで、樹齢1000年から2000年の間と見積もられたこともある。

リュウケツジュはこの島の先住民のグアンチェ族にとって神聖な木で、彼らは洞窟のようなうつろな幹に祭壇を作って礼拝していた。リュウケツジュは丸木舟、タンバリン、さらに伝統的な武器となる棒の材料にもなり、それらはたいていこの木の出す赤い樹液で塗られている。竜の血と言われるこの樹液は、空気に触れると色が赤く変わる。昔は胃の不快感を解消するために牛乳に混ぜて飲んだり、怪我の回復を助けるために傷口に塗ったりした。今でも染料として使われており、17世紀から18世紀にかけて制作されたストラディヴァリウスのヴァイオリンがこの樹液で着色されていたのは有名である。

著名なドイツの植物学者で探検家のアレクサンダー・フォン・フンボルトは、1799年に南米に行く途中でテネリフェ島のフランシー・ガーデンズに立ち寄り、エル・ドラゴ・ミレナリオよりも大きなリュウケツジュを見て、その幹回りは13.7メートルだったと記録している。この木は1867年の嵐で倒れてしまったので、現在はエル・ドラゴ・ミレナリオが押しも押されもせぬリュウケツジュの帝王である。1985年に、菌類の繁殖を最小限に抑えるため、うつろな幹に扇風機の換気装置が取りつけられた。1993年にはこの木の南側を通過する道路が撤去された。この木は現在では植物園にあり、そのたたずまいに引きよせられる大勢の観光客が近づけないように、柵を張り巡らせてある。

エル・ドラゴ・ミレナリオ、2013年

エル・ドラゴ・ミレナリオ、2013年

北半球——テネリフェ島

彼らはリュウケツジュをくり抜いて船を作り、バラストとして石を載せ、島の海岸周辺を櫂とヤシで作った帆で航海した。
——レオナルド・トリアーニ、1590年

　エル・ドラゴ・ミレナリオが威風堂々たる木なのはもちろんだが、リュウケツジュの巨木は数が少ない上に、1本ずつ離れ離れに立っている。だからテネリフェ島では、最も貴重なリュウケツジュを大切に保護しているのである。

　エル・ドラゴ・ミレナリオほど巨大ではないが、もう1本のリュウケツジュの大木がイコー・デ・ロス・ビノスのもっと高地に立っている。その木は住宅に囲まれた中庭にあり、うつろな幹

支えのついたリュウケツジュの巨木、イコー・デ・ロス・ビノス、2013年

リュウケツジュ（*Dracaena draco*）、『科学・文学・芸術図鑑（*The Iconic Encyclopedia of Science, Literature and Art*）』、1851年

は根元のところで朽ちかけている。今にも倒れそうだが、そんな状態にもかかわらず、外来種のハチが中で巣を作っている。樹冠は3方から鎖で吊られた金属製の輪で支えられている。この木は近くにある有名な仲間のエル・ドラゴ・ミレナリオより先に枯れてしまいそうだ。

テネリフェ島北東部の町ラ・ラグーナには、もう1本の見事なリュウケツジュの古木が立っている（右の写真）。この木は、かつて修道院だったサント・ドミンゴ教会の敷地にあり、スペイン人がこの島に上陸する前からここに生えていたと言われている。スペイン人は1496年にアグエレ・バレーで血みどろの戦いの末にグアンチェ族を破り、この島を征服した。そして戦場となったその場所にラ・ラグーナを建設し、この島の最初の首都とした。

スペイン人は何もかも思い通りにできたわけではなかった。征服後もグアンチェ族の戦士は1年にわたって激しい抵抗を続け、スペイン人に大きな損害を与えた。優秀な火器を手にしたヨーロッパからの侵入者を相手に、グアンチェ族は棒や石だけを武器に激戦を繰り広げた。スペイン人は島を制圧すると、ただちにテネリフェ島の先住民を支配下に置いた。テネリフェ島はグアンチェ族の言葉で「アキネク」と呼ばれていたが、スペイン人は先住民が彼らの言葉を使うのを禁じ、違反すれば死刑にした。こうしてグアンチェ族の古い言語や習慣は大半が失われてしまったが、彼らの子孫は今も生きつづけている。

ラ・ラグーナのリュウケツジュ、1905年頃

植物園で育つリュウケツジュの若木、イコー・デ・ロス・ピノス、2013年

ラウリシルバ(照葉樹林)の森

❖アナガ山脈、テネリフェ島

カナリア諸島について最初に記録を残したのはホメロスで、紀元前1100年頃にこの地域を訪れたフェニキア人について書いている。最初に定住したのは、おそらく紀元前500年頃に北アフリカから来たベルベル人を起源とする人々だと考えられている。ギリシャ人、ローマ人、そしてヴァイキングもこの地を訪れ、混血によって先住民族のグアンチェ族の血統に加わったのは間違いない。

テネリフェ島北部は南部より気候が穏やかで、山の斜面には大西洋からの貿易風に乗って流れこむ雲の水分を吸収して、モンテベルデと呼ばれる広大なクスノキ科などの照葉樹の原生林が繁っている。樹皮にへばりついているスポンジのような地衣類や常緑低木のヒースから水分がゆっくりとしたたり落ち、昔はテネリフェ島の山岳地帯に豊かな湧き水や水路を作っていた。グアンチェ族は焼畑と放牧によって照葉樹林の一部を伐採し、少なくともふたつの種(*Quercus*と*Carpinus*)[オークとシデ]を絶滅に追い込んだ。スペイン人はこの島を征服すると、照葉樹林を手当たり次第に伐採し、農耕、林業、炭焼きのための空き地を作った。水源が断たれたせいで16世紀初めに湧き水や水路が枯れてしまうと、森林伐採は禁止された。現在、テネリフェ島の飲水の大半はスペイン本土から船で運んでいる。

最終氷期以前のおよそ8万年前には、少なくとも300万年続いたこのようなラウリシルバ(照葉樹林)が南ヨーロッパと北アフリカを広く覆っていた。およそ15種の照葉樹を含むこのような森林は、生育のために温暖で湿度の高い環境を必要とし、現在ではギリシャ語で「幸福な島々」を意味するマデイラ諸島やカナリア諸島などマカロネシア[ヨーロッパと北アフリカに隣接する大西洋の島々]とモロッコの一部にしか存在しない。似たような森林はアメリカやマダガスカル島、オーストララシアで見られる。

テネリフェ島で古代の森が最もよく保存されているのは、島の北東部のラ・ラグーナの町を見降ろすアナガ山脈の標高の高い地域である。この森は旧熱帯区のテティス海[古生代後期から新生代第3期まで存在した海洋で古地中海ともいう。]周辺の植物相の名残で、その濃く繁った樹木の天蓋は、カナリアをはじめとする鳥類や、数種の希少な蝶の生息地になっている。ラウリシルバの原生林は推定わずか12パーセントしか残っていないが、産業が農業や林業から観光業に移り変わるにつれて、マカロネシアの各地(森林が破壊しつくされたグラン・カナリア島を除く)で森林の自然な再生が起こっている。

密集する草木と岩の分布において、テネリフェ島西岸ほど多様で、魅力的で、調和のとれた場所はかつて見たことがない。

——アレクサンダー・フォン・フンボルト、1799年

コケとシダに覆われたうっそうとした照葉樹林、2013年

アナガ山脈の照葉樹林。西に向かってラ・ラグーナの町からテイデ山まで見渡すと、昔の森林伐採の跡が残っているのがわかる。2013年

ピノ・ゴルド

❖ ヴィラフロール、テネリフェ島

テネリフェ島を訪れると、島内のどこへ行っても高くそびえるテイデ山が目に入る。標高3718メートルのこの山は、スペインの最高峰である。

この山は活火山で、最後に噴火したのは1909年だった。テイデ山という名前は、グアンチェ族の言葉で地獄を意味する「エケイデ」に由来している。言い伝えによれば、この火山にはかつてグアンチェ族の最高神アカマンがグアヨタ（悪魔）を閉じこめていた。グアヨタの激しい怒りが噴火を引き起こし、地獄のかけらが地上に撒き散らされたという。

カナリアマツの森とその向こうにそびえるテイデ山、1903年

ピノ・デ・ラス・ドス・ペルナダス、2013年

テイデ山の南側と東側の斜面の標高1000メートルから2000メートルの間に、カナリア諸島に固有のマツの森が残っている。カナリアマツ（*Pinus canariensis*）は、かつてこの火山全体を取り巻くように生えていたが、スペイン人による征服の後、大規模な伐採が行なわれた。カナリアマツは長さ30センチメートルもある針のような葉が特徴で、貿易風が運んでくる雲の水分を吸収するために理想的な形をしている。分厚い樹皮に守られて、世界で一番燃えにくい針葉樹のひとつでもあり、火事で焼けても幹から新芽を伸ばす能力がある。

海抜1400メートルの高さにあるヴィラフロールはスペインで最も標高の高い村で、その北部に伐採を免れた2本のカナリアマツの巨木が立っている。2本のうち大きい方はピノ・ゴルド（太っちょのマツ）と呼ばれ、高さ45メートル、幹回りは9.4メートルある。この木はカナリアマツとしては世界最大で、私が見たマツの中でも間違いなく最大のものである。樹齢は1000年に達するが、この木はいたって元気で、テイデ山の頂に登る途中でこの木を見に立ち寄る登山客は絶えない。その近くにピノ・ゴルドよりも高いが、それよりも若いピノ・デ・ラス・ドス・ペルナダスがあり、こちらは高さ57メートル、幹回り8.34メートルの木である。幸い、現在残っているカナリアマツの森は保護されている。

ピノ・ゴルド、2013年

北半球――テネリフェ島

聖なる木

❖ マタリア、カイロ、エジプト

ヘロデ王は東方の三博士の来訪を受け、ユダヤの新しい王の居場所を尋ねられた。王はこの知らせを喜ぶどころか、ユダヤの王の称号を奪われるのを恐れて、国内にいる2歳以下の男子をすべて殺すように命じた。

マタイの福音書によれば、天使がヨセフに差し迫った危険を知らせ、パレスチナから妻子を連れてエジプトへ逃げるように促したので、ヨセフはその指示に従って難を逃れた。

アレクサンドリア総主教テオフィロス教皇（384–412年）の幻視について詳しく述べた文書に、キリスト教の一派であるコプト教徒の言い伝えが記録されている。それによれば、ヨセフたちは北方の砂漠を横断したあと、古代エジプト人がアヌと呼んでいたヘリオポリスの町に立ち寄った。ヘリオポリスとは、エジプトの太陽神ラーの都市という意味である。ヨセフ一家が聖なる姿を現すと、異教徒の偶像が崩れ落ちたので、憤った地元の人々の報復を避けるために一家は逃亡せざるを得なかった。エジプトイチジク（*Ficus sycomorus*）の下に逃げ込んだヨセフの家族は、群衆から逃れるためにうつろな幹に身を潜めた。クモの巣が目隠しになり、彼らは無事に逃げることができた。

カイロからおよそ10キロメートル北東の現代のマタリア地区に、このエジプトイチジクの子孫が今も立っていて、聖遺物として崇拝され、巡礼場所となっている。現在の木は1672年に挿し木によって育てられたものだと言われ、その前の木もまた挿し木で育てられたという。これはエジプトで最も古いエジプトイチジクの木である。

1869年にフランス皇帝ナポレオン3世の皇后ウジェニーがスエズ運河の開通式に出席したとき、このエジプトイチジクを贈り物としてフランスに持ち帰ってはどうかという提案があった。皇后はこの申し出を辞退し、代わりに、言い伝えに登場する有名なクモの巣を張ったクモの遺骸をいただけないだろうかと考えた。

エジプトイチジクはエジプトで5000年の栽培の歴史がある。古代エジプト人はこの木を愛の木を意味するネヘトという名前で呼び、その実や木陰、そして木材を大切にした。この木の硬材から作られた棺や死者の副葬品としての家具が、古代の墓から発見されている。乳液のような樹液には医薬品としてさまざまな用途があり、皮膚病の治療などに利用される。

聖なる木の木陰で休息するヨセフと、イエスを抱くマリア。聖母教会、1910年頃

聖なる木、1878年

じ運命をたどる危険がおおいにある。

占星術の学者たちが帰って行くと、主の天使が夢でヨセフに現れて言った。「起きて、子供とその母親を連れて、エジプトに逃げ、私が告げるまで、そこにとどまっていなさい。ヘロデが、この子を探し出して殺そうとしている。」
ヨセフは起きて、夜のうちに幼子とその母親を連れてエジプトへ去り、ヘロデが死ぬまでそこにいた。それは、「わたしはエジプトからわたしの子を呼び出した」と、主が預言者を通して言われていたことが実現するためであった。

──『マタイによる福音書』2章13−15節（聖書・新共同訳、日本聖書協会、1998年）

エジプトイチジクは、現在ではエジプトにわずか300本程度しか残っていない。このイチジクの花を受粉させるハチが絶滅したため、この木もまた同

聖なる木、1920年頃

北半球──エジプト | 145

アブラハムのオーク

❖ マムレ、ヨルダン西岸地区

アブラハムは天幕を移し、ヘブロンにあるマムレの樫の木のところに来て住み、そこに主のための祭壇を築いた。

水を少々持って来させますから、足を洗って、木陰でどうぞひと休みなさってください。

アブラハムは(中略)彼らが木陰で食事をしている間、そばに立って給仕をした。

——『創世記』13章18節、18章4、8節(聖書・新共同訳、日本聖書協会、1998年)

古都ヘブロンからわずか3キロメートルの距離にあるマムレに、イスラエルで最も古い木が立っている。それは樹齢5000年と言われる1本のパレスチナオーク(Quercus pseudo-coccifera)だ。この木がアブラハムのオークと呼ばれるのは、彼と90歳の妻サラとの間にまもなく子供が生まれると3人の天使が告げたとき、アブラハムが天幕を張って天使たちをもてなした場所だと信じられているからである。

マムレのオークやシブタのオークとも呼ばれるこの木が、本当に言い伝えどおり古い木なのかどうかは疑わしい。オークは1500年以上生きることはめったにないからである。しかし、この木が最初の聖なる木の子孫だということは十分考えられる。これまで、アブラハムは紀元前1000年代に生きた人物だと考えられていたが、最近の研究によって、紀元前900年代以降の人かもしれないという可能性が出てきた。

ローマ帝国のハドリアヌス帝の治世(117-138年)には、13万5000人ものユダヤ人奴隷がアブラハムのオークの木陰の市場で売られたと言われている。12世紀と13世紀には、ヨーロッパから来た十字軍がこの木を訪れ、アブラハムが天使と会ったという伝説を祝して「三位一体の祝祭」を開いた。

1905年に撮影された写真には、隣に立つパレスチナの男性が小さく見えるほど巨大な幹が写っている。主枝は1852年に落雷によって折れてしまったが、主枝の残りの部分が左側にはっきりと見える。この折れた枝だけで、運ぶのにラクダが8頭必要なほどの木材になった。

このオークの木片には病気を防ぐ力があると考えられ、お土産に持ち帰る人が後を絶たなかった。アブラハムのオークは、現代になって金属製の柵の中で保護され、1996年に枯れるまで葉を茂らせていた。現在はねじれた朽ちかけた幹が、鉄製の輪を巻かれ、金属製や木製の支柱で支えられている。しかし、この年老いた番兵はここまでよく頑張ってきた。エジプト人、カナーン人、イスラエル人、アッシリア人、バビロニア人、ペルシャ人、ギリシャ人、ローマ人、東ローマ帝国、アラビア人、十字軍、アイユーブ朝、マムルーク朝、オスマン帝国、そしてイギリスによる支配をくぐり抜けて生き延びてきたが、残念ながら、現代のイスラエルの行く末を見届けることはできそうにない。

アブラハムのオーク、1905年頃

アブラハムのオークの名残、2010年

北半球──ヨルダン西岸地区 | 147

ザアカイの木

❖エリコ、ヨルダン西岸地区

マムレから北東に直線距離で48キロメートル、道路上ではほぼ128キロメートルの道のりの先に、エリコという町がある。ときには異論もあるが、「世界最古の町」として有名で、1万年の歴史があると考えられている。「棕櫚の町」〔棕櫚はヤシ科の植物〕の名で呼ばれるとおり、ヨルダン渓谷のオアシスに建設されたこの町には、今もナツメヤシがそこかしこに繁っている。

ルカによる福音書には、イエスがエルサレムに行く途中でこの町を通ったと書かれている。この町の徴税人のザアカイは背が低かったので、群衆の中にいるイエスをよく見ようとエジプトイチジクの木に登った。イエスはザアカイを見ると、木から下りてくるように呼びかけ、ザアカイの家で食事をしたいと言った。集まった人々は彼らの救い主が徴税人のような嫌われ者と親しく交わるのを見て驚いた。しかしザアカイはイエスの愛に打たれ、自分の罪を人々の前で懺悔し、イエスの求めにしたがって家に招いてもてなした。

ザアカイが登った木と言われているエジプトイチジク(*Ficus sycomorus*)の巨木が、聖地博物館の庭に立っている。幹回り7メートル、高さ18メートルのうつろな木である。

ザアカイの木は巡礼場所になっているが、2000年に木が弱っていることがわかった。そこでロシア所有の文化団体がロシア農業研究所(Russian Agricultural Institute)に依頼し、再生プログラムの一環として白アリの巣を除去し、枯れた枝を取り除いたところ、この木はふたたび実をつけるようになった。調査を経て、研究所はこの木の樹齢を2000年と発表し、ザアカイが登った木そのものに間違いないという確信を裏づけた。

近くにあるギリシャ正教の修道院に、このエジプトイチジクの競争相手がいる。それは枯れたエジプトイチジクの巨大な幹で、ガラスケースに保存されており、こちらの方が有名なザアカイの木だと信じている人もいる。私は最初の木の方が本物のザアカイの木だと思っている。この木は戦争と動乱の2000年を生き抜いただけでなく、確かな未来を作ろうと懸命に努力しているパレスチナにとっては、希望と長寿の証である。

イエスはエリコに入り、町を通っておられた。そこにザアカイという人がいた。この人は徴税人の頭で、金持ちであった。イエスがどんな人か見ようとしたが、背が低かったので、群衆に遮られて見ることができなかった。それで、イエスを見るために、走って先回りし、いちじく桑〔エジプトイチジクの別称〕の木に登った。そこを通り過ぎようとしておられたからである。イエスはその場所に来ると、上を見上げて言われた。「ザアカイ、急いで降りて来なさい。今日は、ぜひあなたの家に泊まりたい。」

——『ルカによる福音書』19章1–5節(聖書・新共同訳、日本聖書協会、1998年)

ザアカイとエジプトイチジク、1911年の絵葉書

ザアカイの木、2013年

北半球——ヨルダン西岸地区 | 149

苦悩の木、1930年頃

苦悶の木

❖ゲッセマネの園、エルサレム、ヨルダン西岸地区

ゲッセマネの園、『ヨルダン川および死海への合衆国の遠征に関する記録（*Narrative of the United States' Expedition to the River Jordan and the Dead Sea*）』、ウィリアム・フランシス・リンチ（合衆国海軍司令）、1894年

福音書によれば、イエスは最後の晩餐をすませてからエルサレムの町を出て、ペトロ、ヤコブ、ヨハネとともにオリーブ山のふもとのゲッセマネの園に向かった。普段から祈りの場所として好んだこの園で、イエスは弟子たちに、自分が祈るのを見ているように、誘惑に陥らないために目を覚ましているように、と言った。弟子たちは2度眠りに落ち、イエスは2度彼らを起こした。3度目に彼らが眠りこんだとき、イエスは彼らをまどろみの中に残して祈りつづけた。これはキリストの苦悶の時であり、「汗が血の滴るように地面に落ちた」と聖書に書かれている。（『ルカによる福音書』、聖書・新共同訳、日本聖書協会）イエスはユダの裏切りを見通していた。大勢の武装した兵士や祭司、そして従者たちに、ここにイエスがいると知らせるために、ユダはイエスに接吻するだろう。そして彼らはイエスを逮捕し、磔による死を宣告するだろうとイエスにはわかっていた。

ゲッセマネとはアラム語で「油搾り」を意味し、イエスが誕生する前からこの地域でオリーブが栽培されていたことがこの名前からうかがえる。現在この園に立つ節くれだってねじれた幹がうつろな8本のオリーブ（*Olea europaea*）の古木は、15世紀になって初めて文献で言及されており、これらはあの運命的な夜にイエスがその間を歩いた木ではないかもしれない。なぜなら、70年のエルサレム攻囲戦で、のちにローマ皇帝となるティトゥスの命令によってローマの兵士が付近の木をすべて切り倒したと伝えられているからである。オリーブは古い根系からふたたび発芽する能力があるので、今日見られるオリーブが聖書の時代に丘の斜面を覆っていた木の子孫だという可能性は十分にある。これらの木は昔からずっと崇拝の対象であり、巡礼の地になってきた。

裏切り行為に対する罪の意識にさいなまれて、イスカリオテのユダは裏切りの報酬として祭司から受け取った銀貨30枚を返し、木の枝で首を吊って死んだ。この木はセイヨウハナズオウ（*Cercis Siliquastrum*）だったと言われ、現在もこの種類の木はユダの木と呼ばれている。

私は子供の頃、1978年に修学旅行でゲッセマネの園を訪れた。オリーブの古木を見たのはそれが初めてで、その思い出は今も鮮やかに残っている。枝の上のオリーブの実はすごくおいしそうに見えたが、口に入れた途端、ひどい苦みに驚いて吐き出してしまった。オリーブは食べる前に特別な処理が必要だということを、私はまったく知らなかったのだ。

それから、イエスは弟子たちと一緒にゲッセマネという所に来て、「わたしが向こうへ行って祈っている間、ここに座っていなさい」と言われた。
──『マタイによる福音書』26章36節（聖書・新共同訳、日本聖書協会、1988年）

苦悶の木、2009年

神のスギ

❖ バシャリー、レバノン

ソロモンの神殿建設のために材木を輸送する船、『聖書(Biblia)』、クール兄弟、1702年

　中東では古代から歴史や民間伝承の中でレバノンスギ(Cedrus libani)が称えられてきた。レバノンスギは聖書だけで75回も登場し、力、知恵、長寿、そして偉大な賢人を象徴していた。

　かつてレバノン山脈は広大なレバノンスギの森で豊かに覆われていた。レバノンスギは丈夫で加工しやすい上に、いい香りのする芳香性の樹脂は腐敗を防ぐ性質があった。

　神聖なレバノンスギの森は神々のものだったが、木材を利用しようとする人間と木々をめぐって争い、神々が敗れたのだと言い伝えられている。4000年前に書かれた『ギルガメシュ叙事詩』には、レバノンスギの伐採に関する物語がある。レバノンスギを伐採した人物として最も有名なのは、旧約聖書に登場するソロモン王である。エルサレムに神殿を建設するために、ソロモンには「山で石を切り出す労働者が8万人いた」という。(『列王記』、聖書・新共同訳、日本聖書協会)。ティルス[レバノン南西部にあった都市国家]の王ヒラムとの間に結ばれた条約にしたがって、ソロモンはレバノンから貴重な森林資源を奪った。

　現在のレバノンに暮らしていたフェニキア人は、文字通りレバノンスギの上に彼らの帝国を建設し、この木を材料に船や家を建て、イスラエルや古代エジプト人との間で木材を取引した。古代エジプト人は死者をミイラにするためにその樹脂を珍重した。ガリラヤ湖で発見された2000年前の「イエスの船」は、レバノンスギで作られていた。ヨーロッパを征服したと伝えられる古代エジプトのセソストリス王もまた、レバノンスギで船を建造し、その外側を黄金で覆った。

　アッシリア人、バビロニア人、ペルシャ人も森林伐採に加担したが、2世紀にローマのハドリアヌス帝がレバノンスギの森を帝国の領地と宣言したため、しばらくの間森林破壊は食い止められた。

　中世には農業のために森が開墾され、19世紀にはオスマン帝国の活動によって森林の減少が続いた。ヴィクトリア女王はヤギの食害を防ぐため、1876

神のスギ、1900年頃

年にバシャリーに残された森林を囲む壁の建設を命じた。第2次世界大戦中、トリポリからハイファの間に鉄道を敷設するため、イギリス軍が伐採を再開し、木材を切り出した。

　現在バシャリーに残っているのは、およそ400本の木が立つ美しい森だけになった。そこには4本の古木があり、そのうち最大のものは幹回り14メートルで、樹齢はおよそ2000年と考えられている。1985年にレバノンスギの森の友の会(Committee of the Friends of the Cedar Forest)が森の再生プログラムに着手し、1996年にユネスコがこの森を世界遺産に認定した。

この古木は近くに住む村人からほとんど偶像のように崇拝されている。この木の周りで祭が開かれ、残っている枝は捧げ物の重みでたわみ、その木に向かって礼拝らしきものが行なわれている。

——レバノン最古のスギ(右頁)、1915年頃

レバノン最古のスギ、1915年頃

北半球──レバノン | 153

シスターズ（姉妹のオリーブ）

❖ ビケイラ、レバノン

オリーブの葉をくわえてノアのもとに戻って来たハト。『描かれた聖書（Bible Pictures）』、チャールズ・フォスター、1897年

フェニキア人はレバノンスギの上に帝国を築いたが、およそ3000年から3500年前に、商業活動を通じて地中海沿岸地域全体にオリーブの木を広めたのもフェニキア人だったと考えられている。それによってこの地域に独特の文化と料理が形成され、大きな影響を残した。

レバノン山脈の高地にあるビケイラという小さな村に、世界最古のオリーブと思われる木が生えている。バシャーリーの神のレバノンスギと、古代フェニキア人の港町ビブロスの両方から同じくらい離れた場所に立つ、16本のオリーブ（*Olea europaea, Baladi/Ayrouni: Genotype*）の古木だ。オリーブが並んで植えられたこの林の樹齢は、およそ6000年と考えられている。

これらの木は、単独の木としては地球で最も古いものかもしれない。節くれだってねじれ、穴があいてうつろな幹は、年輪を数えて樹齢を決めることができない。しかし、この地域を訪れたフランス人植物考古学者が、放射性炭素年代測定法を使ってこの原生林の年代を確かめたと言われている。

これらの木の正確な樹齢はともかく、自然の影響を受けやすい山地で、しかもしばしば戦争によって荒廃した地域で、木がこれほど長生きするとは驚くべきことである。この長寿は、地元に伝わる伝説のおかげかもしれない。これらのオリーブは、ノアが40日40夜の洪水のあと、水の勢いが衰えてから方舟が漂着したときに見たオリーブそのものだと言われている。偵察のためにハトを放つと、くちばしにこのオリーブの葉をくわえて戻って来たので、ノアは完全に水が引いたのを知ったという。このオリーブの林が標高1300メートルの地点にあることを考えれば、あり得ない話ではない。ハトとオリーブが両方とも、世界的に平和の象徴とされているところが面白い。

教会が所有する土地に立っているが、シスターズと呼ばれるこれらのオリーブはキリスト教の誕生より4000年も前からそこに立っており、今も実をつけつづけている。このオリーブの実は少量ずつ、コールドプレス［加熱しない圧搾方法］という製法によって高品質のオリーブオイルになる。このオイル作り

は、オリーブ林の保護プログラムの資金を調達するために再開された。

レバノンの観光・文化省はこのオリーブの姉妹を国の重要な史跡と定め、切手や通貨にその図柄を採用している。

鳩は夕方になってノアのもとに帰って来た。見よ、鳩はくちばしにオリーブの葉をくわえていた。ノアは水が地上からひいたことを知った。
——『創世記』8章11節（聖書・新共同訳、日本聖書協会、1988年）

露のようにわたしはイスラエルに臨み
彼はゆりのように花咲き
レバノンの杉のように根を張る。
その若枝は広がり
オリーブのように美しく
レバノンの杉のように香る。
その陰に宿る人々は再び
麦のように育ち
ぶどうのように花咲く。
彼はレバノンのぶどう酒のようにたたえられる。
——『ホセア書』14章6−8節（聖書・新共同訳、日本聖書協会、1988年）

シスターズ・オリーブ、2012年

北半球——レバノン | 155

グレート・バンヤン（ベンガルボダイジュの巨木）

❖ アチャーヤ・ジャガディッシュ・チャンドラ・ボース・インド植物園、コルカタ、インド

インドと東南アジア原産のベンガルボダイジュは、英語ではバンヤンツリーと呼ばれる。この名前は、この木の木陰で商品を売っていたヒンドゥー教の商人カースト、バニアに由来すると考えられている。イチジク属の木なので、一般的に成木の実を食べた鳥によって運ばれた種が他の木の枝で発芽し、着生植物として成長を始める。成長するにつれて、この木は気根を下に伸ばし、宿主の木に巻きつき、最後には絞め殺してしまう。だからこの木には絞め殺しの木という別名がついている。

コルカタ近郊のハウラーにあるアチャーヤ・ジャガディッシュ・チャンドラ・ボース・インド植物園に、ベンガルボダイジュ(*Ficus benghalensis*)の巨木が立っている。この木の樹冠は世界最大の大きさで、およそ1.5ヘクタールもの面積を占めている。

この木は樹齢250年と推定され、幹回りは15.7メートルあるが、菌に侵されてうつろになったため、1925年に傷んだ部分が取り除かれ、中心部は空地になった。しかし、このベンガルボダイジュは何の痛手も感じなかったらしく、その後も成長を続け、周囲を取り囲むように作られた全長330メートルの道路をすでにはみ出し、周囲は450メートルに達している。

3000本を超える気根が地面に達し、無数の新しい幹を形成しているため、この木は1本の木ではなく、小さな森のような雰囲気をたたえている。実質的にクローン性コロニーを形成し、すでに1886年には圧倒的な大きさに描かれている（下図）。

ベンガルボダイジュはインドの国樹であり、現地ではインディアン・バンヤンと呼ばれている。神聖な木とされ、しばしば神殿が中に作られ、神の像が祭られたり、木そのものが崇められたりする。

この植物園は、イギリスのロバート・キッド中佐によって1787年にフーグリー川の西岸に設立された。主にイギリスの東インド会社にとって商業的価値のある新しい植物を発見する目的を担っていた。植物園は2009年6月25日に、ベンガル出身の偉人であるジャガディッシュ・チャンドラ・ボースに敬意を表して改名された。現在では1400種に及ぶ高木や低木1万2000本以上と、数千の草本性植物で埋め尽くされている。

グレート・バンヤン、1886年

グレート・バンヤン、2011年

聖なるボーディー・ツリー（悟りの木）

❖ ブッダガヤ、インド／アヌラーダプラ、スリランカ

紀元前5世紀、ガウタマ・シッダールタは現在のネパールで、シャカ族の長シュッドーダナの息子として特権的な身分に生まれ、世の中の苦労を経験することなく育った。シッダールタが世俗から隔てられた環境を抜け出し、初めて病気の者、老いた者、そして死者を見たのは、大人になってからだった。

シッダールタは人々の苦しみに心を痛めて、自分のぜいたくな生活を捨てる決心をし、悟りを求めて旅に出た。旅の途中、多くの苦痛や苦悩を目の当たりにし、最後にインド東部のブッダガヤと呼ばれる場所に来た。言い伝えによれば、シッダールタはインドボダイジュの下に座って49日間瞑想し、ついに悟りを開いて仏陀となった。シッダールタは死ぬまで旅を続け、悟りに至る仏の道を説いた。

それ以来、このインドボダイジュ（Ficus religiosa）はボーディー・ツリー、またはボー・ツリー、すなわち悟りの木として知られ、学名が示すとおり聖なる木として崇められ、紀元前3世紀にはアショーカ王によって大切に保護された。アショーカ王の美しい妻ティッサーラッカーは、夫がこの木に献身的に尽くすのに嫉妬し、マンドゥという毒のあるイバラを用いて木を枯らした。

アショーカ王はすでにこの木の挿し穂をセイロン（現スリランカ）のデーバナンピアテッサ王に送っており、この王は紀元前288年に首都アヌラーダプラにその挿し穂を植えた。この木、あるいは少なくともその子孫は、現在もそこに立っており、植樹した年代がはっきりわかっている最も古い木という栄誉を担っている。

アヌラーダプラの木から取った挿し穂がブッダガヤに返されたが、紀元前2世紀にプシャミトラ王の仏教迫害の時期に切り倒された。もう1本の子孫は7世紀初めにベンガルのシャシャンカ王によって切られた。最後に、イギリスの考古学者がアヌラーダプラの木から挿し穂を取り、それを1881年に植えたものが現在まで残っている。

仏教文化では、インドボダイジュを薪として使用するのを禁じているが、この木のハート形をした特徴的な葉は、民間療法やインドの伝統的医学であるアーユルヴェーダで多くの症状を癒す治療薬として用いられ、ときには絵を描くカンバスとしても利用される。

ボーディー・ツリー、ブッダガヤ、インド、1914年

ボーディー・ツリー、ブッダガヤ、インド、2013年

この7日間、仏陀は一心に瞑想し、心は穏やかに落ち着いていた。菩提樹を眺め、思索にふけるまなざしは、揺れることも、倦むこともなかった。「こうしてここに座し、私は迷える心が欲するものを得た」と仏陀は言った。「私は安んじて立ち、利己心の束縛から自由になった」。そのとき仏陀の瞳は「生きとし生けるものすべて」への慈悲をたたえていた。

——『ブッダ・チャリタ（Buddhacaritam）』、アシュバゴーシャ・ボーディサットヴァ、2世紀

ボーディー・ツリー、アヌラーダプラ、スリランカ、2013年

祈願樹

❖ **ラムツェン(林村)、香港**

中国人の果物売りとガジュマル、香港、1910年

香港北部のラムツェン(林村)という村に、中国の海の女神である天后を祀る天后廟という寺院がある。そこに祈願樹として知られる2本の神聖なガジュマル(Ficus microcarpa)が立っている。

この土地に再建されるまで、天后廟は海に面した場所に立っていた。建設されたのは清の乾隆帝の治世の1770年頃で、願掛けの習慣は、最初はその土地に立っていたクスノキで始まった。

漁師たちは海から帰ると、丸めた冥銭[紙で作ったお金]に願い事を書き、それをミカンやキンカンに結びつけ、幸運を祈って祈願樹の枝に投げ上げた。冥銭が枝に引っかかれば、投げた人の願いはかなうと考えられた。その枝が高ければ高いほど、願い事が成就する可能性は高い。しかし、冥銭が落ちてしまった場合は、望みが高すぎると判断されたことになり、願いはかなわないと言われる。

最初の祈願樹だったクスノキは火事で焼けてしまった。願い事をする前に焚く習慣になっている線香が、うつろな幹に差し込まれたのが原因だと考えられている。そこで、ガジュマルが代わりに選ばれた。樹齢は200年を超え、2005年2月12日に大枝が落下して、ふたりの参拝者が怪我をするという事故があった。冥銭を投げ上げる習慣は人気があり、特に中国の新年には大勢の人が詰めかけるため、枝に乗った冥銭の重みが事故の原因だと考えられている。折れた木は元気を回復するまで冥銭を投げることが禁止され、次の世代に引き継ぐために若木が植えられた。現在は、願い事を書いた冥銭を吊るすための木の棚が設けられている。

それだけでは物足りないと多くの人が考えたようで、15メートルの高さのガジュマルのレプリカが設置され、プラスチック製(香港では大人気の素材だ)のミカンを買って、願い事を投げ上げる体験ができるようになった。ラムツェンを訪れるときは、心して願い事をするといい。

木を植えるのに一番いい時期は20年前だ。次にいいのは今だ。
——中国のことわざ

ガジュマル、クーロン(九龍)公園、香港、2011年

祈願樹のレプリカ、中国の新年、2014年

塩釜桜

❖ 兼六園、石川県金沢市、日本

　1世紀以上前に写真に収められた有名な塩釜桜は、保護のために柵を張り巡らされ、幹が傾き、手厚く支えられた姿ながら、なおも満開の春を迎えていた（下）。このサトザクラ（*Prunus lannesiana*）は日本3名園のひとつとして知られる兼六園にあり（後のふたつは偕楽園と後楽園）、幅3－4センチメートルの美しい花を咲かせる。

　兼六園は15世紀に加賀藩主の前田家によって作られた庭園で、隣には金沢城公園がある。金沢城公園は、元は藩主の暮らす城の庭として作られた。

　塩釜桜は宮城県の鹽竈神社から受け継いだ木で、第12代藩主前田斉広が1819年から1822年にかけて建設した竹沢御殿の庭に植えられた。この木はよく繁って、幹回り7メートル、高さ10メートルまで成長したが、1957年に樹勢が衰え、ついに枯れてしまった。

　兼六園は1874年に一般に公開され、1985年に日本の特別名勝に指定された。2001年に、初代の塩釜桜から数えて5代目にあたる木が、兼六園に敬意を表して鹽竈神社から贈られた。

　毎年春になってサクラが咲くと、日本人は公園や神社や広場に詰めかけ、鮮やかなピンク色の天蓋の下で集い、酒を酌み交わす。花見と呼ばれるこの昔ながらの行事は、7世紀以来、宮中で祝われてきた。この習慣は武士階級に広まり、最後に一般庶民にまで流行が広がった。17世紀には徳川将軍家が各地にサクラを植樹して、花見を積極的に奨励した。

　サクラの花のはかない美しさは、日本では命そのもののつかの間の美の象徴になった。

男は死んでも桜色。
——『葉隠入門』、三島由紀夫

有名な塩釜桜、1910年頃

八重桜に訪れる蜂、2009年春

山高神代桜

❖ 実相寺、山梨県北杜市、日本

　日本人のサクラに対する愛着は世界でも珍しく、年を重ね、世代が移るにつれて、宗教的と言っていいほどの崇拝をサクラに捧げるようになった。しばしば世界最古の小説と呼ばれる11世紀の『源氏物語』をはじめとして、日本の古典文学では、サクラは物語にも詩歌にも頻繁に取り上げられている。これほどサクラが大切にされるのは、日本文化独特の現象である。しかし、サクラに対する崇拝は、1000年をはるかに超える長さで日本人の心に深く根差し、少なくとも弥生時代か、さらに昔にさかのぼると考えられる。おそらく狩猟採集民の縄文人に起源があるのではないかと思う。

　2015年4月、私は京都のサクラの散り際を眺めてから、北東に向かって南アルプスと呼ばれる赤石山脈まで桜前線を追って旅した。気候の変化とともに、北上するサクラの開花を追っていくのは日本人の愛する行楽のひとつだ。電車を4つ乗り換えて、北杜市の玄関口である日野春駅に到着した。北杜市は最近いくつかの近隣の町や村が合併して市になったばかりだ。駅から4キロメートル歩いて実相寺まで行く予定だったが、あいにくの土砂降りとバックパックの重さに音を上げて、駅に1台だけ止まっていたタクシーに乗って日本最古のサクラと言われる木を訪ねることにした。

　私を迎えてくれたのは、この国最大の幹回りを持つサクラだった。うつろで黒ずんだしわだらけの木は、幹回り12.8メートル、高さ10.3メートルのずんぐりした木である。老齢に耐えて生き延びるために樹冠を失ったヨーロッパのオークの古木を思わせる。神代桜と呼ばれるこのサクラはエドヒガンで、樹齢は2000年と考えられ、日本武尊（やまとたけるのみこと）によって植えられたと言われている。日本武尊は2世紀初期の第12代景行天皇を父とする伝説的な皇子で、死後、その魂は白鳥となって飛び去ったと伝えられている。

　この木に残った枝は幹からうねるように伸び、何本もの木製の柱で支えられ、主枝は曲った部分を布でくるまれ、コンクリート製の支柱に支えられている。

　桜前線を追いかける旅は十分に報われた。神代桜は高原の涼しい気候の中で満開に咲き誇り、風と雨の中に立っていると、淡いピンク色の花弁が靄に包まれた私のまわりに舞い落ちてくる。サクラを崇拝する日本人の気持ちがよくわかった。古色蒼然としてしなびた幹に咲く、繊細ではかない、生命力にあふれたサクラは、歴史と伝統のある文化を背景に、命のもろさと美しさを体現していた。

三月の晦日（つごもり）なれば、京の花ざかりはみな過ぎにけり。山の桜はまださかりにて、（中略）めづらしうおぼされけり。
　　——『源氏物語』より「若紫」、紫式部、1010年頃（『源氏物語』、新潮社、2015年）

山高神代桜、1900年頃

山高神代桜、2015年

祇園の夜桜

❖円山公園、京都市、日本

祇園のしだれ桜、1910年頃

祇園の夜桜、2015年

　日本の主要都市のひとつである京都は、794年に桓武天皇によって、新しい都、平安京として建設された。平安京の建設は、日本の未来に対する天皇の理想を実現するためであり、衰退しつつあった奈良の都の影響から脱する目的もあった。

　平安京は、中国の都市に倣った碁盤目状の区画を持つ都市で、平坦な京都盆地に5平方キロメートルにわたって広がり、3方を山に囲まれていた。当時の庭園で現在まで残っているものはない。京都市最古の円山公園は、1886年に京都盆地東部の東山と7世紀から続く八坂神社の間に造営された。春になると、園内の680本のサクラのピンク色の花の下を、大勢の人々がそぞろ歩く。平安時代からずっと続いてきた花見の光景だ。

　花見客の行列の先に、柵に大切に囲まれた祇園のサクラが立っている。この木はシダレザクラ（*Prunus pendula cv. Pendula*）で、夜になると滝のように弧を描いてしだれる枝がライトアップされて浮かび上がる。

　現在の木は初代のシダレザクラ（左上）の子孫である。初代のサクラは高さ12メートル、幹回り4メートルの木だったが、1947年に樹齢およそ200年で枯死した。

　幸い、円山公園の桜守（サクラの樹医）を務める15代佐野藤右衛門がこの木

祇園のサクラ、2015年

の衰えに気づき、3粒の種から芽を出させ、1949年にそのうちひとつを親木の代わりに植えた。現在は息子の16代藤右衛門が2代目の桜を大切に守り、人と木の伝統を後世につなげている。

春の花の盛りは、げに長からぬにしも、おぼえまさるものとなむ。

——『源氏物語』より「匂兵部卿」、紫式部、1010年頃(『源氏物語』、新潮社、2015年)

北半球——日本 | 167

唐崎の松

❖ 琵琶湖、大津市唐崎、日本

　日本人の心の中で、サクラとは愛され方が違っても、サクラと並んで特別な位置を占めているのがマツである。クロマツ（*Pinus thunbergii*）は一般的に海岸付近に生え、ゴヨウマツ（*Pinus parviflora*）はもっと内陸山地に生育し、アカマツ（*Pinus densiflora*）は多様な場所で見られるが、どのマツも皆、何世紀もの間、人の手で刈り込まれ、栽培されてきた歴史がある。

　常緑樹のマツは時を超越した長寿と永遠の象徴であり、庭園や寺社では昔から毎年刈り込みをしてマツの樹形を保ってきた。風になびく木の風情を維持するために、マツ葉の1本1本が剪定される。

　日本語では、「まつ」には「待つ」という意味もある。そのため、平安時代の和歌では、マツは「待つ」の掛け言葉として頻繁に使われ、恋い慕い、待ちわびる気持ちを表すようになった。英語でマツを表すpineという単語にも、ちょうど同じように「恋い慕う」という意味がある。

夜の雨に　音をゆづりて　夕風を
よそにぞ立てる　唐崎の松（唐崎の夜雨）
——近衛政家、1500年

唐崎の松、1904年
琵琶湖の湖畔に幾重にも枝が重なったクロマツの古木が立っている。このクロマツは歌川広重が『近江八景』の中の一点として『唐崎夜雨図』に描いたことで、永遠にその姿をとどめている。1830年代に唐崎の松の種子を13代加賀藩主前田斉泰が取り寄せ、金沢の兼六園で育てた。琵琶湖の唐崎の松と同様に、兼六園の松も大きく枝を広げ、枝張りは10メートルに達している。積雪の重みで枝が折れるのを防ぐため、冬には円錐形の雪吊りが施される。

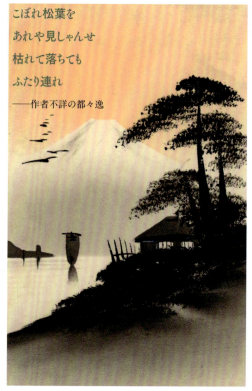

こぼれ松葉を
あれや見しゃんせ
枯れて落ちても
ふたり連れ
——作者不詳の都々逸

富士と松を描いた絵、1910年頃

誓欣院のクロマツ

❖ 熱海市、日本

伊豆半島の海辺の熱海市に、樹齢800年と言われる幹回り4メートルのクロマツ（*Pinus thunbergii*）が、あたりを見下ろすように立っている。仏教の寺の敷地にあるため、この木は仏舎利、すなわち仏陀となられたガウタマ・シッダールタの遺骨と同じ場所に立つ栄誉に浴している。この仏舎利は1966年にインド大菩提会からこの寺に寄贈されたもので、鍵のかかる神聖な建物の中に、人目に触れないように安置されている。

さらに南に下ったところにあるアカオハーブ＆ローズガーデンでは、世界最大の盆栽と言われるアカマツ（*Pinus densiflora*）を見ることができる。この盆栽は3本のマツの寄せ植えで、一番古い木の樹齢は130年、鉢を合わせた高さは約4メートル、幅約8メートルという巨大な盆栽だ。

海岸には、お宮の松と呼ばれる木が立っている。尾崎紅葉の1897年の小説『金色夜叉』の一場面にちなんでそう呼ばれるようになった。お宮が資産家と結婚すると聞いて、恋人の貫一は目の前で許しを乞うお宮を蹴飛ばし、「ダイヤモンドに目がくらみ」という有名な言葉でお宮をなじる。貫一は腹いせに不幸で惨めな人生を送るが、それはお宮に対する乱暴で無情なふるまいの報いでもあった。

初代のお宮の松は台風で倒れ、1966年に新しい木が植えられた。初代のマツの切り株は場所を移されてひっそりと保存されている。

> 清夜月閑なり、松風琴を為す。我が客に非ざる有り、誰か亦知音。
>
> ——禅僧の蔵叟朗誉による辞世の句、1276年

誓欣院のクロマツ、2015年

大楠

❖ 來宮神社、熱海市、日本

大楠、1910年頃

　日本で仏教よりも古くから信仰されてきた宗教に、神道がある。神道では、神が自然の中の特別な場所、たとえば滝や岩、そして古木に宿ると信じられていた。こうした信仰は現在も生きており、神が宿るとされる自然物への崇拝もまた、受け継がれている。

　海辺の町、熱海を見下ろす山腹に、そのようなご神木のひとつが立っている。幹回り23.9メートル、推定樹齢2000年のクスノキ（*Cinnamomum camphora*）で、大楠と呼ばれている。この常緑樹は、日本で神道が誕生した弥生時代からここに生えており、本州で最も古い木だと考えられている。

　もう少し若い2本目のクスノキ（樹齢1300年）がすぐ近くに立っているが、年長のクスノキと同様に、こちらも幹はうつろで節くれだっている。これらの木には両方とも、藁で編んで紙を垂らしたしめ縄が巻かれている。しめ縄を巻くのは、神域であることを示すための風習だ。クスノキの樹皮から薬効と鎮痛作用のある精油のカンファーが採取されるため、クスノキは伝統的に大切にされてきた。

　來宮神社の2本のクスノキは、落雷や地震、津波にも耐えて生き延びた。しかし、1859年まで、この神社には7本のクスノキはあった。漁業権をめぐる争いが村全体を巻き込み、訴訟費用を捻出する必要から、5本のクスノキは切られてしまった。言い伝えによれば、木こりが大楠に近寄ると、白髪の老人が現れて両手を掲げた。するとのこぎりが真っ二つに折れ、老人は現れたときと同様に一瞬にして消え失せたという。村人たちはこの木に宿る神のお告げだと考えて、大楠を切るのをやめた。それから現在まで、大楠はこの場所に立ちつづけている。

　大楠に参拝する人は、木の根元で2拝2拍手1拝した後、この木を一周すると寿命が1年延び、願い事が成就すると言われている。

　平安時代（794－1185年）の日本の詩歌の重要な要素である「もののあわれ」という言葉は、自然のはかない美しさに気づき、しみじみとした情感が生まれることを表している。この木を訪れて、私はその言葉の意味を深く理解した。英語の「aware（気づいている）」と日本語の「あわれ（aware）」の意味と形があまりにもよく似ているので、私はとても驚いた。このふたつの言葉が共通の原ヨーロッパ言語を祖先に持つということはあり得るだろうか？

その町の近くの「來宮」神社の深い森の中に、1本の途方もなく古いクスノキが立っていて、幹回りは現在もおよそ9メートルある。

——『日本再訪記（*Japan Revisited*）』、エドウィン・アーノルド、1892年

大楠、2015年

大楠、2015年

縄文杉
❖ 宮之浦岳、屋久島、日本

日本を代表する木はスギ(Cryptomeria japonica)である。スギは日本の固有種で、この国で最も大きく長生きな木のひとつだ。

丈夫で加工しやすいため、木材として古くから栽培され、数多くの歴史ある寺の建立に使われた。また、それらの寺では美しさと実用性の両方の理由から、多くの場所でスギが植えられた。

何世紀もの間に広大なスギの森林は伐採されて消えていったが、九州から南に60キロメートル離れた太平洋の屋久島という小さな島に、古代のスギの見事な原生林の一部が残っている。

屋久島の最高峰である宮之浦岳の北側で、島のほぼ中央にあたる標高1300メートルの場所に、日本最古で最大の木である縄文杉が立っている。この名前は日本の初期の居住者だった縄文人（およそ紀元前1万年から紀元前5世紀ごろまで）にちなんでつけられた。

幹回り16.2メートルのうつろな幹の内側から古い木部を採取し、放射性炭素年代測定法で調べたところ、樹齢2170年という結果が出た。一方で、この島の他のスギの古木（樹齢1000年を超えたものだけが屋久杉と呼ばれる）と比較すると、縄文杉の樹齢は5000-7200年と推定されており、もしそれが確かなら、縄文杉は世界最古の木ということになる。

1967年に縄文杉が発見されると、保護を求める声が高まり、屋久島は1993年にユネスコによって世界遺産に認定された。現在では観光が屋久島の収入の半分を占めている。2005年に縄文杉の樹皮が持ち去られる事件があった。これをきっかけに、縄文杉に近づくことはできなくなり、現在は15メートル離れた展望台からの眺めで満足しなければならない。こうして縄文杉は保護され、ヤクシマザルやヤクシカとともに、古代の森で生きている。

2009年に縄文杉はニュージーランド最古の木であるカウリの古木、タネ・マフタと「姉妹木」関係を締結した。調印式に出席した屋久島町長は、「山や森の神々を軽んじてはいけない。それは山と積まれたお金よりも大切なものだ」と述べた。

この美しく堂々とした木と肩を並べられるのは、カリフォルニアのセコイアだけである。
——『日本の森林の植物相(Forest Flora of Japan)』、チャールズ・サージェント、1894年

縄文杉、2008年

日光街道杉並木

❖ 日光、日本

日光街道杉並木

屋久島から北東に約1500キロメートル移動して本州の日光を訪れると、世界で最も長い並木道のひとつがある。

徳川家康（1543-1616年）の菩提を弔うため、大名の松平正綱によって1625年頃から1648年までの間に20万本のスギ（*Cryptomeria japonica*）が植えられた。家康の息子の2代将軍徳川秀忠は、正綱に石と青銅で燈籠を作り、家康を神として祀る日光東照宮（ユネスコの世界遺産に登録）に奉納するように命じた。しかし、正綱は貧しく、燈籠を作る資金がなかったので、代わりに参拝者の日よけになる杉並木の植樹を願い出たと伝えられている。

徳川幕府の置かれた江戸（現代の東京）と日光東照宮を結ぶ日光街道が建設され、伝統的な厳めしい大名行列がその道を通った。現在も春と秋の大祭で、「千人武者行列」と呼ばれる行列が披露される。

杉並木は3つの街道に植樹され、全長35.4キロメートルに及んでいる。今でも高さが平均27メートルの1万3500本のスギが残っている。長年の間に一部は植え替えられたが、東照宮近くの大木は最初に植えられたものが残っている可能性が高く、樹齢はほとんど400年近い。

2013年に、47キロメートルと言われるメタセコイア（*Metasequoia glyptostroboides*）の並木が中国のチャンスー（江蘇）省で発見された。しかし、この並木はまだギネスブックに承認されていないので、世界最長の並木の名誉は、まだ日光杉並木のものである。

家康の遺体が日光山の墓所に葬られると、2代将軍は諸国の大名に石か青銅の燈籠を寄進し、社殿の周囲に立てるように命じた。全員がこの命令に従ったが、ひとりの大名は貧しさのために燈籠を寄進することができず、代わりに街道沿いに木を植えて、家康の墓所に参拝する人々の日よけにしたいと申し出た。幸いにもこの願いは聞き入れられ、見事な仕事がなされたので、この貧しい大名の奉納物は、あまり注目されることのない同時代のあらゆる大名の奉納品と比べて千倍も勝る価値がある。

——『日本の森林の植物相（*Forest Flora of Japan*）』、チャールズ・サージェント、1894年

杉並木、1880年頃

チーワット・ジャイアント

❖パシフィックリム国立公園、バンクーバー島、カナダ

カナダで最も大きな木は、バンクーバー島南西部にある原生林の奥で見られるウェスタンレッドシーダー（*Thuja plicata*）で、日本ではベイスギとも呼ばれる木である。チーワット湖の近くにあるので、チーワット・ジャイアントと呼ばれている。ジャイアントの名にふさわしく、幹回り18.3メートル、高さ55.5メートルの大木である。

この木が木材切り出し業者の貪欲な目を逃れて生き延びたのは、まったく幸運というほかはない。この木は緑豊かな温帯林と海岸地域の保護区を含むパシフィックリム国立公園の中に立っている。この国立公園は1971年に設立され、バンクーバー島南西海岸の海と陸地を合わせた511平方キロメートルの広さを有している。1988年に初めて発見されたチーワット・ジャイアントは、樹齢2000年と推定されている。

ブリティッシュ・コロンビア州の広大な原生林は、1世紀以上の間、皆伐の影響を受けてきた。皆伐とは対象区域の木をすべて切り倒すことで、この傾向は一向に弱まる兆しを見せない。いったん森の木が伐採されると、原生林の切り株が点々と残る場所に、いわゆる持続可能な木材プランテーションが再植樹される。しかし、残念ながらこの二次林は、原生林が持っていた生物学的多様性をほとんど維持することができず、50-60年の周期で伐採されてしまうため、多様性を生みだす余裕もない。公式発表によれば、ブリティッシュ・コロンビアは原生林の90パーセントを木材切り出し業のために失った。

対照的に、先住民による小規模な伐採は森に悪影響をもたらさない。ファースト・ネーションと呼ばれる

針葉樹の樹皮を剥ぐ。『バンクーバー島のインディアンの伝説（*Indian Legends of Vancouver Island*）』、アルフレッド・カーマイケル、1922年

カナダ先住民の人々は、ウェスタンレッドシーダーを崇拝し、伐採するときは彼らが信仰するグレートスピリット［この世のすべてを創造した大いなる霊魂］の許しを求める。ある伝説では、グレートスピリットがこの木を「すべての人間に役立つように」作ったと伝えている。

原生林協会（Ancient Forest Alliance）などの団体が、古い森に対する保護意識を高め、林業に代わってエコツーリズムを推進することで、森林が今後も存続しているように懸命な努力を続けている。

私たちは子供たち、孫たち、そしてこれから生まれてくる子供たちのために森を守らなければならない。鳥、獣、魚、そして木々といった、**物言わぬものたちのために森を守らなければならない**。

——クワツィナス（世襲の部族長エドワード・ムーディ）、ヌシャルク族

チーワット・ジャイアント、2009年

ホローツリー

❖ スタンレー公園、バンクーバー、カナダ

1791年にスペイン人探検家のホセ・マリア・ナルヴァエス船長が、のちにスタンレー公園と呼ばれるようになる土地に到達したとき、そこは先住民のスクワミッシュ族とマスキーム族が暮らす、うっそうとした森に覆われた半島だった。

翌年、イギリス人のジョージ・バンクーバー船長が太平洋北西岸の地図を作製するためにこの地域に到着し、先住民について親愛の情のこもった言葉を残した。ジョージア海峡につきでた半島の南部に発達したバンクーバー市とバンクーバー島は、両方とも彼の名にちなんで命名された。

1858年までに、フレーザー渓谷のゴールドラッシュで一山当てようと夢見るイギリス人が大勢押しかけたが、この地域は1860年代初めに軍の保有地に指定されたため、大掛かりな開発を免れた。

先住民は昔からウェスタンレッドシーダー(*Thuja plicata*)を伐採し、その木材をくりぬいてカヌーにしたり、彼らの伝統と文化を象徴する記念碑としてトーテム・ポールを彫ったりしていた。1865年に半島に製材所が設立されてから、20年間で6社もの木材切り出し会社が本格的に事業を始めた。1888年にこの半島は公園に指定され、当時のカナダ総督スタンレー卿にちなんでスタンレー公園と命名された。スクワミッシュ族の最後の住居が撤去されたのは、半島で暮らす先住民の最後のひとりで、「サリーおばさん」と呼ばれていたクルカレムという女性が1923年に亡くなったときだった。

公園内の最大で最古のウェスタンレッドシーダーは、ホローツリー、またはビッグシーダーと呼ばれ、たちまち観光客の人気スポットとなった。商魂たくましい写真家がこの木の周囲に店を出すと、幹回り19.8メートルのこぶだらけの木の周りで記念撮影をするために旅行者が詰めかけた。1910年に道路の拡張計画のためにこの木が切られかけたときは、こうした写真家が運動して、この木を伐採から救った。

1943年と1962年の嵐のせいで多くの木が倒れ、2006年にさらに嵐に襲われて、ホローツリーの朽ちた幹の残りはひどい損害を受けた。もっとも、その頃にはこの木はもう枯れてしまっていた。この木を心配する市民がスタンレー公園ホローツリー保存協会(Stanley Park Hollow Tree Conservation Society)を結成し、募金を呼びかけて、ホローツリーを固定して将来にわたって保存するための基金を設立した。

ホローツリー、1926年

私たちはここで、カヌーに乗った50人のアメリカ先住民に出会った。彼らは非常に礼儀正しく丁寧にふるまい、私たちにたくさんの調理した魚や、さばいた魚を贈り物としてくれた。すでに述べたとおり、その魚はキュウリウオに似た種類である。

――『ジョージ・バンクーバー船長の日誌(*Captain George Vancouver's Journal*)』、1792年

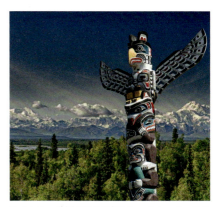

スタンレー公園にある9本のトーテム・ポールのレプリカのひとつ。この公園はブリティッシュ・コロンビア州で最も観光客に人気の場所である。本物のトーテム・ポールは博物館で大切に保存されている。

ミューア・ウッズ

❖ カリフォルニア州、アメリカ

ミューア・ウッズ、1910年頃

　300年前、カリフォルニアには80万9371ヘクタールのレッドウッドの森があった。木材の需要と、木を単なる資源とみなす一般的な考え方が原因で、広大なレッドウッドの森が伐採され、現在ではおよそ7.5パーセントにあたる6万703ヘクタールが残るのみである。

　そのような森の名残のひとつが、サンフランシスコからゴールデンゲートブリッジを渡って北に少し行った場所にある。この森が生き延びたのは、地元の実業家ウィリアム・ケントと妻のエリザベスが最後に残ったレッドウッドと呼ばれるセコイアメスギ（Sequoia sempervirens）の原生林のひとつを保護する目的で、この土地を購入したからだ。夫妻は、ダムが建設され、森に覆われた渓谷がダムの底に沈んで貯水池になるという計画を耳にした。この計画が実行されていれば、レッドウッドの森は破壊されてしまっただろう。

　それまで、急峻で森に覆われた近寄りがたい渓谷のおかげで、森は伐採業者から守られていた。沿岸の丘陵地帯を漂う夏の霧はレッドウッドの生育に不可欠で、霧に含まれる水分を吸収して、この木は天高くそびえるように成長する。世界で最も高い木であるレッドウッドにとって、この土地は理想的な生息環境だった。

　1908年、ケント夫妻は購入した土地を政府に寄付し、この森はナショナル・モニュメントと呼ばれる保護地域に指定された。そしてウィリアムの希望にしたがって、シエラネバダの森と野生生物の保護に尽力したスコットランド生まれの自然保護活動家、ジョン・ミューアに敬意を表して、ミューア・ウッズと命名された。

　ヨーロッパからの入植者が来る前は、アメリカ先住民がレッドウッドの巨木を守り、樹皮や木材を利用して住居や家具、衣服、籠、丸木船を作った。山火事で焼けて内部が空洞になった木の中で冬を越す部族もいた。

　レッドウッドの樹皮は厚さ30センチメートルを超え、この木を火から守っている。また、この木の特徴である赤い色はタンニンを豊富に含むためで、これが病原菌の侵入を防いでいる。実際、山火事はレッドウッドの生存に欠かせない。蓄積した落ち葉などが山火事によって焼けて灰になることで無機塩類が供給され、種子の発芽を助けるからだ。1880年代に始められた山火事対策は、かえってレッドウッドの森の自然な更新サイクルを阻害する結果になった。そこでバランスを回復するために、管理された状態で火入れが行われるようになった。

　ミューア・ウッズのレッドウッドの中には、幹回り12.8メートル、高さ76メートル、樹齢1000年を超えるものがある。これまでに記録された中で最も高いレッドウッドは、高さ115.55メートルで、ミューア・ウッズからおよそ480キロメートル北のレッドウッド国立公園に立っている。この巨木は2006年に発見され、ギリシャ神話のティーターン族の神にちなんでヒュペリーオーンと名づけられた。保護のため、その正確な所在地は秘密にされている。

森を破壊するのはどんな愚か者にもできる。森は逃げられないからだ。そしてもし逃げられたとしても、森はやはり破壊されるだろう。樹皮、角のような枝、見事な幹の背骨といったものが、楽しみやお金を与えてくれる限り、森は追われ、狩られるのだ。木を切り倒した者で、それを植える者はほとんどいない。たとえ植えたとしても、高貴な原初の森を取り戻すには何の役にも立たない。（中略）これらの西部の森の木々の中には、ここまで育つのに3000年以上かかったものもある。それらは今も非の打ちどころのない力強さと美しさで、シエラの広大な森の中で枝を揺らし、歌っている。

——『アメリカの国立公園（Our National Parks）』、ジョン・ミューア、1901年

ミューア・ウッズ、2014年

ジャック・ロンドンのオーク

❖ オークランド、カリフォルニア州、アメリカ

ベイエリアの都市オークランドの高くそびえる市庁舎ビルの横に、芝生に覆われたフランク・オガワ・プラザがあり、そこにコースト・ライブ・オーク（Quercus agrifolia）が1本だけ立っている。

幹回り3.8メートルのこの木は、カリフォルニアで最大、あるいは最古のオークというわけではないが、その歴史と場所によって、きわめて重要で特別な価値のある木になった。

オークランドには、かつてアメリカ最大のコースト・ライブ・オークの森があった。この森のドングリは先住民のオーロネ族の主要な食べ物で、それをすりつぶして焼いたパンは狩猟・漁猟・採集生活で得られる栄養を補う重要な食品だった。スペイン人宣教師は、この地域に到着してから1795年までにイースト・ベイのオーロネ族を全員追い出し、伝道所のあるサンフランシスコに追いやった。オーロネ族はそこでヨーロッパから持ち込まれた伝染病に感染し、免疫がなかったために6万1000人が死亡したと推定されている。

1852年にオークランド市が設立され、1870年代まで開発目的でオークを伐採する申請書が数えきれないほど発行された。

1906年に起こったサンフランシスコ地震によって市の80パーセントが壊滅し、およそ3000人が犠牲になった。その後、サンフランシスコ湾の対岸のオークランドでは開発が本格的に続けられ、沿岸都市サンフランシスコの再建のために周辺の丘陵地帯からオークとレッドウッドの森が大々的に伐採された。現在では、オークランドの古いオークの森の木は1本も残っていない。

1917年1月16日、アメリカで当時最も有名だった作家のジャック・ロンドンが亡くなってから1年後に、樹齢20年のコースト・ライブ・オークがジャックの未亡人のチャーミアンの手でフランク・オガワ・プラザに植えられた。この木は近くのモスウッド公園から移植されたもので、オークランド市長によってささやかな式典が執り行なわれた。ジャック・ロンドンに敬意を表して命名されたこの木は、オークランド市の紋章になっている。オークランドで暮らし、仕事をしたジャックは、一時はカキの密漁に手を染め、その後は

オークランドのオーク、1874年

何冊かの傑作をこの都市で執筆した。青年時代には夜になると現在のフランク・オガワ・プラザに出かけ、社会主義を宣伝する演説をした。今はそこにジャック・ロンドンの木が立っている。

この木は、オークランドの失われたオークの森の痛ましい思い出として残されている。成熟し、生気あふれる木は市の象徴であり、この都市が生んだ最も名高い文学者への心温まる敬意の印でもある。

私はかつてドングリを蒔き、2本のブラックオークを育てたことがある。それは昔、同じ種類の木が1本生えていた場所だった。しかし、もう何もかも無くなってしまった。ブラックオークのドングリよ！　私のドングリよ！　今では誰がそれを蒔こうとするだろう？

——『ドングリを蒔く人、カリフォルニアの森の戯曲（The Acorn-Planter, A California Forest Play）』、ジャック・ロンドン、1916年

オークランドのオーク、2014年

オークランドのオーク、2014年

オークハースト

❖ カリフォルニア州、アメリカ

オークハーストのカリフォルニアホワイトオーク、2014年

北半球にはおよそ600種類のオークが見つかっている。常緑樹もあれば落葉樹もあり、葉に切れ込みやとげのあるものもある。しかしどのオークにも共通するのは、なじみ深い帽子をかぶった木の実、すなわちドングリである。

北アメリカ大陸には世界で最も多種類のオークが生育し、アメリカ国内にはおよそ90種類が存在する。そのうち19種類はカリフォルニアだけで見られる。これほど多くのアメリカ原産のオークがある理由はよくわかっていない。イギリス原産のオークは2種類しかなく、その2種類のオークが北ヨーロッパの大部分に広がっている。カリフォルニアを見渡して、その多様な樹木のある光景を眺めてみよう。西海岸には世界で最も高い木（レッドウッド）があり、東へ行くとシエラネバダには体積が最大の木セコイアオスギ（ジャイアントセコイア）が、そしてホワイトマウンテンには世界最古の木トゲゴヨウ（ブリッスルコーンパイン）が生えている。個性豊かなこの木たちは、独特の微気象や高度、環境に適応したと考えていいだろう。

上に挙げた有名な3種類の木は、起伏のある山地の標高の異なる場所に生育している。オーク類は山すそや、標高の低い平野で見られ、ヨーロッパの放牧林で育つのと同様に、草原に降り注ぐ太陽の光を浴びて大きく成長する。

オークランド市のオークの森がすっかり消えてしまったのとは対照的に、シエラネバダ山脈の西のふもとにあるオークハーストという町には、まだかなりたくさんのオークが繁っている。私はヨセミテ国立公園に行く途中でその町に立ち寄った。オークハーストという名前には、何かオークにまつわる由来があるのだろうと思っていたが、幹回り4.3メートルほどある落葉性のカリフォルニアホワイトオーク（*Quercus lobata*）の成木が町のあちこちに立っているのを見て、うれしい驚きを禁じ得なかった。驚いたことに、これらのオークはかつてカリフォルニア製材会社が運営していた古い製材所の音が聞こえるほど近くに立っている。

この町を囲む丘陵地帯の放牧林の中に、今でもカリフォルニアホワイトオークの大きな林が見られる。

オークハーストのカリフォルニアホワイトオーク、2014年

オークハーストの西にあるオークの放牧林、2014年

巨人の国
❖カラベラス郡、カリフォルニア州、アメリカ

森の父、1860年頃

カリフォルニア沿岸のレッドウッドが自生する地域から東に行き、カリフォルニア中央を占めるセントラル・バレーを越えると、シエラネバダ山脈（スペイン語で「雪の山」）が立ちはだかっている。幅112キロメートル、南北に643キロメートルにわたって伸びるこの山脈には、アメリカ本土の最高峰、高さ4421メートルのホイットニー山がそびえている。

この山脈の西側斜面の標高1370－2400メートルの場所に、世界で最も大きな木が茂る森が残っている。レッドウッドと別属のセコイアオスギ、ジャイアントセコイア（Sequoiadendron giganteum）は、最も高い木や樹冠の広い木というわけではないが、大きさという点では、地球で現在生きている木の中で最大の体積を持つ木と言えるだろう。記録に残っている最も古いジャイアントセコイアは、高さ94.8メートル、幹回り34.4メートルに達し、3500本の年輪があることが確認された。

1852年に、カラベラスのユニオン水道会社が従業員に肉料理を提供するため、オーガスタス・T・ダウドというハンターを雇った。春になり、ダウドは傷を負わせたクマを執拗に追跡中、ジャイアントセコイアに出くわして、その場に立ちすくんだ。この地域に3000年以上暮らしてきたアメリカ先住民はこの森を知り尽くしていたに違いないが、ダウドはおそらく、この巨木を目撃する初めての白人だった。

ダウドは宿泊所に戻って自分の見た巨木の話をしたが、仲間には笑われ、まるで信じてもらえなかった。そこで彼は同僚を引き連れてその場所まで行き、自分の目で確かめさせた。彼らの目撃談はあっという間に広まり、その巨大な木を見ようと見物人が押しかけた。

ダウドが最初に発見し、のちにディスカバリー・ツリーと名づけられたこの木は、その翌年、商魂たくましい金鉱探しの山師らによって切り倒された。この作業には5人がかりで22日間を要した。その後、樹皮は元のように復元されてニューヨークの展覧会に展示され、幹は酒場のカウンターやボーリング場のレーンになった。しかし、展示会はさんざんな不評に終わった。

数世紀も前に倒れた「森の父」（左頁）に次ぐ大きさで、「森の母」と命名された1本の木があった。1854年にこの木から少しずつ樹皮が剥がされ、ロンドンのクリスタル・パレスで展示するためにニューヨークから送られた。通常、ジャイアントセコイアのライフサイクルには落雷が原因で起きる山火事が一役買っている。生存競争の厳しい森林に火災で開けた土地ができ、栄養豊かな灰の上に落ちた球果が熱で種を放出するのである。森の母は火に強い厚い樹皮を所々で60センチメートルもの厚さで剥がされたせいで、1908年に火事で焼けてしまった。その焼け焦げた幹は、ディスカバリー・ツリーの切り株とともに、昔の威容を伝える記念碑となって残っている。

足場を組んで立てられた森の母の樹皮をロンドンで見た人々は、誰一人それが本物の木だとは信じないで、「カリフォルニア人のでっちあげ」だと決め

森の母、1852年

つけた。それを知った地元では、巨木の森の保護にいくらか積極的に取り組むようになった。

木は不完全な人間であり、大地に縛られた我が身を嘆いているようだと言われる。しかし、私には決してそうは思えない。満ち足りない思いを抱えた木など私は見たことがない。彼らは大地が好きでたまらぬというようにしっかりとつかみ、深く根を下ろしているが、それにもかかわらず、われわれと同じように遠くまで旅をする。風が吹くたびに木はあらゆる方角をさまよい、われわれと同じように行っては戻ってくる。われわれとともに太陽の周りを1日200万マイルも旅し、神のみぞ知る速度と距離で宇宙を旅するのだ！

——ジョン・ミューアの日記から、1890年

マリポサグローブ

❖ マリポサグローブ、ヨセミテ国立公園、アメリカ

マリポサグローブの双子、G・ティレル画、1862年

ヨセミテ国立公園で巨木を見るために最も多くの人々が訪れるマリポサグローブは、公園の南側のシエラネバダ山脈のふもとにある。ここにはおよそ500本のジャイアントセコイアの成木が立っていて、中には高さ95メートル、幹回り50メートルに達する木もある。この森が19世紀に急速に進んだ大規模な森林伐採を生き延びたのは、自然保護活動家の草分けとして活躍したふたりのアメリカ人の努力によるところが大きい。

ガレン・クラークは結核を患ったあと、療養のためにこの山地に移り住んだ。1857年にハンターから巨木の話を耳にし、ヨーロッパ人として初めてマリポサグローブを探検した。

彼は残りの人生のほとんどをこの地で過ごし、ジャイアントセコイアに囲まれて暮らしながらこの神秘の森について学び、のちに人々の啓蒙のために尽くした。そしてジャイアントセコイアに関する本を1冊と、アメリカ先住民の文化を描写した本を1冊執筆した。

アワニチ族はヨセミテ渓谷に何千年も暮らしていたが、1851年に起こった白人との戦争によってこの地を追われ、フレスノの保留地に強制的に移住させられた。1855年になって、争いを起こさないと約束したのち、ようやく父祖の地への帰還が許された。彼らを追い出した白人の兵士は、この渓谷をヨセミテと名づけたが、それはアワニチ族が自分たちの住む場所をオーホーマテと呼んでいたのを勘違いしたという説がある。

ガレン・クラークの保護活動は1864年に実を結び、南北戦争のさなかのエイブラハム・リンカーン大統領が、マリポサグローブとヨセミテ渓谷をカリフォルニア初の州立公園として保護するヨセミテ・グラント法に署名した。1890年には周辺地域がヨセミテ国立公園に指定された。

ジョン・ミューアは地質学と博物学の研究のためにヨセミテに移住し、1903年にセオドア・ルーズベルト大統領とともにヨセミテの星空の下でキャンプをして、この場所の貴重さを大統領に訴えた。1906年に下院はヨセミテ渓谷とマリポサグローブをヨセミテ国立公園に統合する決定を下した。こうして公園内での伐採、採掘、家畜の放牧が禁止され、ヨセミテの自然は将来にわたって保護されることになった。

私はセコイアの大木の森に出かけた。そこには美しさと壮大さを兼ね備えた場所だ。自然の偉大な聖堂が崇拝と安らぎの場となり、見るものを鼓舞し、霊感を与え、崇高な思いに誘う。

――『カリフォルニアの巨木(*The Big Trees of California*)』、ガレン・クラーク、1907年

ハバフォード・ツリーの側に立つガレン・クラーク、1900年頃

1860年頃にガレン・クラークが建てたビッグツリー・キャビンを1930年に再建したもの。現在はマリポサグローブ博物館になっている。2014年

グリズリー・ジャイアント

❖ マリポサグローブ、ヨセミテ国立公園、アメリカ

グリズリー・ジャイアントはマリポサグローブ最大の呼び物のひとつであり、夏の間は毎週1万人の観光客が見に訪れる。本来は「グリズルド・ジャイアント」［白髪の巨人という意味］という名前で、この名前の由来となったグリズリーベア［ハイイログマ］は、ガレン・クラークが1859年にマリポサグローブの初期調査を行なったとき、この地域の主として君臨していた（ヨセミテ国立公園内の最後のクマは、1895年頃にワオナ付近で射殺された）。

高さ63.7メートル、根元の幹回りは28.2メートルで、グリズリー・ジャイアントはマリポサグローブ最大の、そしておそらく最古の木である。頂上部を失う前は、高さ84メートルに達していた可能性がある。

たびたびの落雷と山火事によって樹皮は黒く焦げ、幹の一部はうつろになり、かなり傾いている。樹齢はおよそ1800年と考えられている。ガレン・クラークの当初の推定樹齢6000年には届かなかったが、この木が体積では世界で25番目に大きなジャイアントセコイアであり、いまだ壮年期であることを考えれば、十分に印象的な木であると言えるだろう。

グリズリー・ジャイアントは誰もが認めるマリポサグローブの家長である。（中略）**この木には、堂々とした威厳という独特の個性がある。**
──『カリフォルニアの巨木(*The Big Trees of California*)』、ガレン・クラーク、1907年

グリズリー・ジャイアントの脇を馬で通る観光客とパークレンジャー、1903年

グリズリー・ジャイアント、2014年

火事で倒れ、焼け焦げた1本の巨大な木。長い間歩いてたどり着くと、そこはハイイログマの住みかだった。ハイイログマがそこに巣を作ったのだ。こんなにも暗い住みかに入っていくのは、神経が張り詰める経験だった。

──『カリフォルニアの脅威と好奇の風景（Scenes of Wonder and Curiosity in California）』、ジェームズ・M・ハッチングス、1862年

グリズリー・ジャイアント、2014年

北半球──アメリカ

ワウォナ・トンネル・ツリー

❖ マリポサグローブ、ヨセミテ国立公園、アメリカ

　グリズリー・ジャイアントを見てから、曲がりくねった森の小道を登っていくと、ようやくワウォナ・トンネル・ツリーに出合える。この木はかつてマリポサグローブで最も古く、最も有名な木だった。

　ワウォナとは先住民の言葉で大きな木という意味で、ワウォナ・トンネル・ツリーは高さ69メートル、根元の幹回りは27メートルの巨木だった。

　1881年に、ヨセミテ馬車道路会社は売り物になると期待して、スクリブナー兄弟というふたりの労働者に75ドル支払い、火事で傷ついた幹にトンネルを開けさせた。幅2.1メートル、高さ2.7メートル、そして根元で計った距離7.9メートルのトンネルは、馬車が通れるほど広く、観光客に大評判だった。

　シャッターチャンスを狙う観光客を乗せた馬車は、次第に自動車の列や大型バスに取って代わられた。このジャイアントセコイアは、木の根元に人工的に開けられた空洞のせいで衰弱し、1969年に大雪の重みで倒れてしまった。

　現在、この木はワウォナ・トンネル・ツリーの倒木として知られ、倒れた場所にそのまま放置されて、有名だった昔の思い出をとどめている。樹齢は2100年と推定されているが、本来ならもう1000年は長生きしたかもしれない。しかし、ジャイアントセコイアに豊富に含まれるタンニンは、この木の特徴的な赤い色の原因であると同時に、菌の繁殖や虫食い、そして火事から木を守る役割を果たしている。このタンニンの作用で、この巨木は倒れた状態でも、もう数千年はそのままの姿でいられるだろう。

　坂道をグリズリー・ジャイアントの近くまで下りていくと、1895年に同じように穴をうがたれたカリフォルニア・トンネル・ツリーが今も立っている。

　これらの木のうち、幹回りがおよそ30メートルと計測されるものは、とてつもなく巨大な姿で、およそ90メートルの高さにそびえていた。しかし、その頂上部は（中略）嵐で吹き飛ばされてしまった。この木を計測している間、大きなワシが飛んできて木にとまった。それはまるでこの森と、わが国の偉大さを象徴するかのようだった。

　──『カリフォルニアの脅威と好奇の風景(Scenes of Wonder and Curiosity in California)』、ジェームズ・M・ハッチングス、1862年

ワウォナ・トンネル・ツリー、1900年

ワウォナ・トンネル・ツリーの倒木、2014年

「独身男と3人の美女」と呼ばれるジャイアントセコイア、ヨセミテ国立公園、2014年

キングスキャニオン国立公園とセコイア国立公園

❖ カリフォルニア、アメリカ

シエラネバダ山脈の中心にあるヨセミテ国立公園の南側に、キングスキャニオン国立公園とセコイア国立公園というふたつの国立公園がある。この2か所の公園は共同管理され、大きな川や峡谷、そして自然のままの山地の風景で知られ、世界最大のジャイアントセコイアに出会える場所である。

モナシェ族は古くからキングスキャニオンに住んでいたが、1862年にヨーロッパ人から感染した天然痘が蔓延し、免疫がなかったために多数の死者が出るという悲劇が起こった。

山のふもとでオークのドングリを主な食料として暮らしていたアメリカ先住民族は、オニヒバの樹皮を使って冬越し用の住居を作り、ネズミサシの一種から弓を作った。夏になると、先住民族はふもとの居住地から、標高の高いジャイアントセコイアの分布域に移動することもあった。彼らにとって、ジャイアントセコイアは聖なるフクロウに守られた神聖な木だった。

19世紀から、木材切り出し業者やわな猟師、続いて金鉱目当てに押しかけた山師が森を広範囲に荒らした。牧童が森の中で家畜を放牧したため、木々の再生が阻害された。ジャイアントセコイアの木材は割れやすいという欠点があるにもかかわらず、この地域の古い森の3分の1は伐採された。

自然保護主義者からの圧力によって、1890年にセコイア国立公園とグラント国立公園が、1940年にはキングスキャニオン国立公園が設立された。しかし、コンバース・ベイスンの最大のジャイアントセコイアの森を救うには遅すぎたかもしれない。現在では、そこはまるで木の墓場のように見える。倒れた木の切り株が点々と散らばるセコイアの墓場だ。

セコイアという名は、1770年頃にジョージアで生まれたチェロキー族の偉大な男の名前である。
——『木々に関する新書(The New Book of Trees)』、マーカス・ウッドワード、1920年頃

ロストグローブのジャイアントセコイア、セコイア国立公園、2014年

グラント将軍の木

❖グラントグローブ、キングスキャニオン国立公園、アメリカ

ユリシーズ・S・グラント、1855年頃

　セコイア国立公園の北西の端に、小ぶりだが重要なジャイアントセコイアの森が広がっている。

　その森の中にグラント将軍の木がある。その名の由来となったユリシーズ・S・グラント将軍は、南北戦争でリンカーン大統領の将軍としてアメリカ連合国と戦い、合衆国軍を勝利に導いた人物だ。彼はのちに第18代アメリカ合衆国大統領(1869-1877年)に就任した。

　高さ81.5メートル、根元の幹回り32.8メートルのグラント将軍の木は、世界で2番目に大きなジャイアントセコイアである(幹の体積による)。

　1846年に、ヘイル・サープが家畜を放牧するためにスリーリバーズに入植したとき、この地域にはアメリカ先住民が暮らしていたが、サープは彼らと友好的な関係を保った。しかしそれから20年後、金鉱目当ての山師や伐採業者が、はしかや猩紅熱、天然痘をもたらしたあと、この地域の先住民族はすべて立ち退かされた。

　グラント将軍の木とグラントグローブの保護を主な目的として、1890年に下院はグラント国立公園とセコイア国立公園の設立を承認した。さらに手厚く保護するために、グラント国立公園は1940年に最終的にキングスキャニオン国立公園の一部となった。

　1926年に、グラント将軍の木は激しい競争をくぐり抜けてカルビン・クーリッジ大統領によってアメリカのクリスマスツリーに認定され、1956年にはドワイト・アイゼンハワー大統領がこの木を戦没アメリカ人に捧げる国家の記念樹とした。グラント将軍の木は、この種の記念樹として唯一のものである。

この森から少し南に行ったところにある美しい小さな森は、現在ではほとんどがジェネラル・グラント国立公園に含まれている。私はこの森で仕事をしている多数の屋根材製造業者を見かけた。木材運搬道路によって、この荘厳な森に容易に入れるようになったからだ。この国立公園はわずか2マイル四方しかない小さなもので、多数の美しい木の中でも最大なのはグラント将軍の木である。そう命名されたのは28年前に私が初めて訪れる前のことで、この木は世界最大の木と言われている。

——『わが国の国立公園(*Our National Parks*)』、ジョン・ミューア、1901年

グラント将軍の木、1905年

グラント将軍の木、2014年

シャーマン将軍の木

❖ セコイア国立公園、カリフォルニア州、アメリカ

シャーマン将軍の木、1908年

1879年にセコイア国立公園で1本のジャイアントセコイアが発見された。この木は南北戦争中にグラント将軍の下で連合国と戦い、合衆国の勝利に貢献したシャーマン将軍に捧げられた。

1869年にグラントがアメリカ大統領に就任すると、シャーマンはインディアン戦争で合衆国陸軍の指揮をとった。

シャーマン将軍の木は樹齢およそ2000年で、高さ83.8メートル、幹回りは24.1メートルである。根元付近の幹回りは31.3メートルという巨大な木だ。

ジャイアントセコイアの中で最も高い木や、最も太い木というわけではないが、総体積は1486.9立方メートルと計算され、1本の幹の木としては世界最大の大きさを誇っている。

この木にシャーマン将軍の名が冠せられたのは皮肉なことかもしれない。シャーマン将軍は南部連合の中心地だったジョージア州アトランタから、南東に向かって港町サバンナまでの鉄道や産業施設、個人の住宅まで、すべてを焼き払いながら進軍した。「海への進軍」と呼ばれるこの焦土作戦の途上にこの木が立っていたとしたら、将軍の「総力戦」の前にはひとたまりもなかっただろう。

シエラネバダ山脈のふところに抱かれて、火事で幹はうつろになっているが、この木は威厳を漂わせて立っている。1985年に折れて落ちた枝でさえ、シエラネバダ山脈より東にあるアメリカ国内のどの木よりも太かった。

考古学的な記録によれば、ジャイアントセコイアは中新世［約2300万年前から約500万年前までの期間］に北半球のほぼ全体に分布していた。この時代は最終氷河期が始まるはるか前で、現生人類も出現していなかった。その後の気候の変動によって、この木の分布域はオレゴンとカリフォルニアに限られた。

1850年にヨーロッパ人に「発見」された後、ジャイアントセコイアの植樹が流行した。特にイギリスの田舎の地

シャーマン将軍の木、2014年

所には、現在も数多くのジャイアントセコイアが繁っている。500万年の時を経て、ジャイアントセコイアはかつて君臨した土地に戻ったのである。

線路の枕木を燃やす火で、あたり一面が真っ赤に照らされていた。兵隊たちは熱くなったレールを一晩中近くの木々まで運び、それを幹の周りに巻きつけた。

――『ウィリアム・T・シャーマン将軍回顧録（*Memoirs of General William T Sherman*）』、1889年

大統領の木
❖ セコイア国立公園、アメリカ

私はイギリスの緑豊かなサリー州で、ジャイアントセコイアの並木の近くの住宅地で育った。この並木は1865年頃、ヘザーサイド邸と養樹園の当時の所有者だったオーガスタス・モングレディアンのために植えられたもので、8000キロメートル離れたカリフォルニアでヨーロッパ人がジャイアントセコイアを発見してからわずか13年後のことだった。

この並木の木は現在も200本以上が生き残り、幹回り7.5メートル、高さ27メートルまで成長して、20世紀に作られた住宅地の中をおよそ1.6キロメートルにわたって並んでいる。埋められて忘れさられた養樹園とは対照的に、この並木はあまりに見事だったので、住宅地の開発中も切り倒されずにすんだようだ。

子供の頃、この木の柔らかな赤い樹皮を友達と一緒に叩いて遊んだ思い出がある。私の手も木も、どちらにも傷ひとつつかなかった。樹皮がスポンジのように衝撃を吸収するからだ。私にとって、これらの木は無敵の巨人であり、厳めしい番人、そして不死身の存在に見えた。

子供の頃にジャイアントセコイアを見た経験が、長じておよそ30年後にカリフォルニアを訪れ、のちには自然な環境で生えているこの木を見に訪れるきっかけになったのかもしれない。

しかし、シエラネバダ山脈のセコイアの森で見たものは、私の予想をはるかに上回っていた。アメリカ育ちの仲間に比べれば、ヘザーサイドの並木はまだほんの若造であり、青二才、赤ん坊と言ってもよかった。

シャーマン将軍の木から、ジャイアント・フォレストの中を通る曲がりくねった「コングレス・トレイル(議会通り)」を3キロメートルあまり歩いていくと、行く先々で名のある年老いた巨木に出会う。マーモットやアメリカアカリス、ミュールジカ、アメリカグマも旅の道連れになってくれるかもしれない。

大統領の木。樹齢3200年で、生きたジャイアントセコイアでは最高齢であり、体積では3番目に大きい。根元の幹回りは28.4メートルで、樹高は75.3メートル。1923年にウォレン・G・ハーディング大統領にちなんで命名された。コングレス・トレイル、2014年

上院の木と対話する著者、コングレス・トレイル、2014年

長寿のブリッスルコーンパインの森

❖ ホワイトマウンテン、カリフォルニア州、アメリカ

　見る者を圧倒するジャイアントセコイアの大きさのせいで、世界で一番古いのはこの木に違いないとほとんどの人が信じていた。最も大きな木が最も古いと考えるのは自然なことだ。この考えが覆されたのは、ブルックリン出身の年輪年代学教授であるエドモンド・シュールマンが、1958年にカリフォルニア、ネバダ、ユタ州の山地の標高の高い場所で育つマツの一種に関する研究成果を発表したときだった。

　ブリッスルコーンパイン、トゲゴヨウ（*Pinus longaeva*）の樹齢が古いのは昔から知られており、19世紀末のジョン・ミューアの旅の回想録でもそう述べられている。しかしシュールマンは、ブリッスルコーンパインをくり抜いて採取したサンプルの年輪を数えた結果、樹齢4000年を超える17本の木を発見した。この画期的な発見によって、樹齢と木の大きさには相関関係があるという見方に変化が生じた。ブリッスルコーンパインが育つ山地の過酷な環境が、この木の長寿に一役買っていることが明らかになった。強風、冬の乾燥と低温、加えて短く暑い夏のせいで、この木が成長できる季節は非常に短い。しかし、これらの条件は逆に、標高の低い土地ではびこる細菌や病気の発生を抑える効果を持っている。海抜2900－3050メートルの高さで成長するこの世界最長寿の木は、最も過酷な環境で生きているのが発見された。

　ほとんどの木は、年老いると幹が腐ってうつろになり、正確な年代の測定ができなくなるが、ブリッスルコーンパインは老齢による腐敗の兆候をまったく見せない。つまり、年輪が幹の中心部まで完全な形で残っているので、樹齢を測定する確実な方法として利用できるのである。

　シュールマンの発見はまた、1万1000年以上前に誕生したことがわかっている枯死したブリッスルコーンパインから年輪データを採取することによって、放射性炭素年代測定法の誤差の修正に役立った。ブリッスルコーンパインは枯死しても腐敗するのが遅く、この木は1万1000年という年月のうち、少なくとも半分を過ぎた時点で枯れたと考えられている。

　シュールマンが夏になるたびに訪れ、数年かけて調査した木のほとんどは、カリフォルニア東部のホワイトマウンテンに立っている。シュールマンは研究成果を発表した年に亡くなり、この地域はブリッスルコーンパインの古木の森として保護区になった。雪が解ければ、夏の間は自由に訪れることができる。

ブリッスルコーンパインの古木。幹はねじれ、部分的に色が変わっている。火事で焦げて、木の上の部分は枯れている。2014年

> 弓なりにうねり、さまざまな姿を見せるたくさんの木が、1本だけぽつんと、あるいは何本か集まって立っている。房飾りのような葉が弓なりの枝の下に無数に垂れさがり、あるいは枝の上に燦然と輝いている。何の変哲もない、ごく普通の形の木の中にも、千年の嵐を耐え抜いた木が数多くある。
> ——『カリフォルニアの山地(The Mountains of California)』、ジョン・ミューア、1894年

ブリッスルコーンパインの古木、2014年

メスーゼラ

❖ ブリッスルコーンパインの森、アメリカ

聖書に登場するメスーゼラ、『ニュルンベルク年代記（Nuremberg Chronicle）』、ハルトマン・シェーデル、1493年

1957年にシュールマンは大発見をした。ホワイトマウンテンのブリッスルコーンパインの年輪を数えることで、その1本が、生きている木としては知られている中で世界最高齢だと確認したのである。その森の周辺には世界最高齢の名乗りを上げている木が他にも数多くあるが、それらは内部の腐敗が原因で、年輪を数えて樹齢を証明することができない。それができるのはブリッスルコーンパインだけなのだ。

シュールマンはこの木を、聖書の中で最も長生きしたメスーゼラという人物にちなんで命名した。聖者のメスーゼラは969年生きたとされているが、その名を受け継いだ木と比べれば、まだほんの若造である。この木はメスーゼラ・グローブの中にあり、15.25メートルの高さがある。3本に分かれた主な幹のうち、生きているのは1本だけで、1枚の樹皮だけで支えられている。公表された時点で、メスーゼラは4500年以上生き抜いている。この木の正確な所在地は徹底的に秘密にされ、破壊行為や記念品を持ち帰ろうとする人々から守るため、地図にも記載されていない。

1964年にドナルド・カリーという地質学者が、メスーゼラよりもさらに古い木をネバダ州のウィーラー・パークで発見した。幹回り6.4メートルのブリッスルコーンパインで、地元の人々からプロメテウスと呼ばれている木である。しかし、木の中心まで小さな穴をあけてサンプルを取りだす際に、木の幹に差し込んだ成長錐という道具が、固く締まった木部の中で折れた。カリーが援助を要請すると、駆けつけた森林局の職員は、錐を取りだすためにさっさと木を切り倒してしまった。

後で年輪を数えてみると、その木は樹齢4900年だったことがわかった。カリーと森林局は、知られている中で世界最長寿の生きている木を死なせてしまい、同僚からも一般大衆からも嘲笑にさらされた。

シュールマンが採取して、生前は数えられないままになっていた年輪サンプルは、樹齢4806年の木のものだということが判明した。これは知られている中で世界最高齢の生きている木であり、その場所は秘密にされている。ブリッスルコーンパインの森には、まだ発見されていない樹齢5000年の木が残っているかもしれない。しかし、広い視野で見れば、それを発見することはあまり重要ではない。ブリッスルコーンパインの森を歩くことは、古代の歴史、生きている歴史の中を歩くこ

とだ。個々の木よりも、全体の方がはるかに大切なのである。

他の多くの生物と同様に、ブリッスルコーンパインも絶滅の危機に瀕している。この木の化石が標高の低い地点で発見されており、気候の変動とともにブリッスルコーンパインが移動した時期を知る手がかりになる。現在、ブリッスルコーンパインは高い山の上で生育するが、これ以上温暖化が進めば、もうどこにも逃げ場は残されていないかもしれない。

> **メトシェラは969年生き、そして死んだ。**
> ——『創世記』5章27節(聖書・新共同訳、日本聖書協会、1988年)

メスーゼラ・グローブのブリッスルコーンパイン、ブリッスルコーンパインの森、2014年

フォックステールパイン

❖ シエラネバダ山脈、カリフォルニア州、アメリカ

> 円錐形の幹と短い枝、そして密集した短い針のような葉を見れば、フォックステールパインの構造が生息地の厳しい気候と強風の影響を受けているのが如実にわかる。
> ——『カリフォルニアの木々(Trees of California)』、W・L・ジェプソン、1923年

有名なブリッスルコーンパインの陰に隠れて見落とされがちだが、カリフォルニアでは古木の織りなすタペストリーの中に、もう1種の糸が色を添えている。それはフォックステールパイン(Pinus balfouriana)である。

フォックステールパインはブリッスルコーンパインよりも先に、1852年にジョン・ジェフリー教授による探検中に発見された。この2種類の木は、ジョン・ミューアが描写した「ボトルブラシの形をした房飾り」のような密集した葉と、古い個体の特徴である、ねじれて樹皮が半ば剝がれたこぶだらけの幹という共通点がある。しかし、フォックステールパインは、成長するにつれて耐火性の厚い樹皮で幹が太くなる点がブリッスルコーンパインとは異なっている。

フォックステールパインは海抜2000-3500メートルの亜高山性の気候に適応し、アメリカでは2か所でしか自生していない。カリフォルニア北部のクラマス山脈と、登山道の標識が手まわしよく「クマ出没地」という警告を出しているシエラネバダ山脈の南部である。

有名な仲間のブリッスルコーンパインほど長生きではないが、個々の木はかなり長寿になる可能性がある。

フォックステールパイン、インヨー国有林、2014年

シエラネバダ山脈南部で発見された最古のフォックステールパインは、樹齢2110年で、幹回り8メートルという大きな木である。ホイットニー山(アメリカ合衆国本土の最高峰で標高4421メートル)の近くにあるインヨー国有林には、右頁の写真のような大木がある。この木は幹回りが6.6メートルあり、フォックステールパインの年功序列ではかなり上位に入る木である。フォックステールパインは、うまくいけば3000年以上は生きられると専門家の意見は一致している。

考古学者はフォックステールパインの化石から、およそ4600万年前にはアメリカ西部の山岳地帯の広い範囲がフォックステールパインの広大な森で覆われていたことを発見し、この木が実際に先史時代から生きつづけている種であることを明らかにした。

フォックステールパイン、インヨー国有林、2014年

幹回り6.6メートルのフォックステールパイン、インヨー国有林、2014年

1000マイルの木

❖ ウィーバーキャニオン、ユタ州、アメリカ

1000マイルの木、1880年

1869年1月、ミシシッピ川とアメリカ西海岸を結ぶ大陸横断鉄道の建設中に、ユニオン・パシフィック鉄道から派遣された探鉱者が、鉄道の起点であるネブラスカ州オマハからちょうど1000マイル（1600キロメートル）の位置に生えている1本のマツを見つけた。

この木は高さ27.5メートルで、オグデンの町からおよそ14キロメートル東のウィーバーキャニオンを流れるウィーバー川のほとりに立っていた。建設労働者が1000マイルの線路を敷き終えた記念として、この木は1000マイルの木と命名され、標識が掲げられた。この鉄道の建設は、1864年にリンカーン大統領によって承認された。鉄道建設は困難に満ちた大事業だった。中西部から太平洋岸まで人々が自由に移動できるようになる一方で、アメリカ先住民を父祖の地から追い出し、強制的に保留地で暮らさせる結果になった。

1000マイルの木は観光スポットとなり、1億7000万年前から1億8000万年前に形成されたデビルズ・スライドと呼ばれる天然の垂直滑り台のような地質学的地形と、キャニオンそのものの風景とともに、観光客を呼ぶ目玉になった。乗客がすばらしい景色を堪能できるように、列車はしばしば見どころで停車し、オグデンからは観光目的の遊覧列車が走った。1世紀以上前に制作された絵葉書や本、ステレオカード［立体的に見える写真］に残された写真やスケッチが、この記念碑的な木の昔日の姿をとどめている。

1900年に1000マイルの木は枯れてしまった。1926年までに2本目の線路とリンカーン・ハイウェイを通すために、さらに最近では州間道路を建設するために、ウィーバーキャニオンは広げられ、自然の美しさはいくらか失われた。1982年にユニオン・パシフィック鉄道によって初代の木の記念に新しい木が植えられ、現在は高さ9メートルまで成長している。列車はもうこの場所には停車しないが、冒険心のある人々はウィーバー川でカヌーを楽しむことができる。

2代目の1000マイルの木、2011年

リバティツリー(自由の木)

❖ボストン、マサチューセッツ州、アメリカ

1775年、アメリカ独立戦争は北アメリカとイギリスの争いから、フランス、オランダ、ポルトガルを巻き込み、世界的な事件の中心となった。面白いことに、この戦争の発端はそれより10年前に1本のアメリカニレ(*Ulmus americana*)の大木の周辺で起きた事件にさかのぼる。この木は1646年にボストン・コモンと呼ばれる公園の傍らに植えられ、リバティツリーと呼ばれるようになった。

1765年にイギリス政府がアメリカ植民地に印紙税を課すと、植民地の住民はこれを権利の侵害とみなした。この年の8月14日の朝、「自由の息子たち」を名乗る愛国者の集団がリバティツリーの下に集い、イギリス国王に任命された徴税人の人形と、イギリス騎兵隊が履くブーツに「印紙税」と書いた紙をつけたものをこの木に吊るした。この日のうちに群衆の数は次第に膨れ上がり、自治を求める演説が行なわれ、イギリス国王に対するアメリカ初の公然とした抵抗運動に発展した。続いてデモ行進が行なわれ、火葬用の薪が積まれて人形が燃やされた。当の徴税人は、身の危険を感じて、この木のそばで辞任した。

9月11日、「リバティツリー」と彫られた銅板がこのニレの木に掲げられ、ここで定期的な集会が開かれるようになった。この木はボストンの自由の象

リバティツリー、1886年

徴になった。

これに対してイギリス軍はこのアメリカニレを嘲笑の的にし、この木の前でひとりの愛国者にタールを塗り、羽根で覆って[西欧で中世からある刑罰で、さらしものにする意味がある]見せしめにした。事態はますますエスカレートし、ついにイギリス兵によって木が切り倒された。これが実質的に革命の火ぶたを切った。後は歴史が語るとおりである。

このリバティツリーに触発されて、アメリカ国内だけでなく、ドイツ、オランダ、イタリア、フランスでもリバティツリーが植えられた。特にフランスでは、リバティツリーは革命の象徴になった。ボストンのワシントン・ストリートとエセックス・ストリートの交差点に掲げられた記念の真鍮板が示

す以上に、リバティツリーの果たした役割は大きかったのである。

**名声も栄誉も忘れて、彼らは集った。
なぜなら兄弟のように、自由市民の思いはひとつだったからである。
彼らはひとつの魂を分かち合い、ひとつの友情を求めた。
リバティツリーが彼らの神殿となった。**
――『リバティツリー(*Liberty Tree*)』、トマス・ペイン、1775年

イギリス兵は斧を手に、この木をめった打ちにした。ひとしきりげらげら笑い、にやにやし、汗をかき、悪態をつき、悪意のあまり口から泡を飛ばしながら、自由の名を持つというだけの理由で、1本の木を切り倒したのだ。
――『エセックス・ガジェット』紙、1775年8月31日

トリーティツリー（協定の木）

❖ フィラデルフィア、ペンシルベニア州、アメリカ

トリーティツリー、1883年

1682年、ウィリアム・ペンはチャールズ2世から下賜された土地を受け取るためにイギリスからアメリカに渡り、クエーカー教徒のために迫害のない入植地を作ろうと意気ごんでいた。その土地にはオーク、ブナ、カバ、そしてニレの豊かな森があったので、彼はその地域を、森を意味するラテン語でシルベニアと命名した。のちに、イギリスの提督だったペンの父に敬意を表して、チャールズ2世によってペンシルベニアと改称された。

平和主義者のペンは、何よりもまずこの地域に暮らしていた先住民族のレナペ族と友好関係を築くことに努めた。言い伝えによれば、彼はアメリカに到着したその年のうちにレナペ族の中心地シャカマクソンに赴き、デラウェア川の岸に立つアメリカニレ（Ulmus americana）の大木の下で、長老や部族長と面会した。ペンとレナペ族の亀の氏族の部族長タマネンドとの間でワンパムベルト［白と紫の貝殻を紐で編んで取り決めの記録とするもの］が取り交わされ、平和協定が結ばれた。文書に書かれたものは残っていないが、口伝と、ほぼ1世紀続いた友好関係を見れば、こうした協定があったのは確かである。

平和の象徴となったニレの木は1810年の春まで繁っていたが、この年の嵐で倒れてしまった。幹回りは7.3メートルで、樹齢およそ280年だったと考えられている。この木から作られた家具や小さな装身具、飾りものは、記念品としてひっぱりだこになった。

1827年に、協定を記念するオベリスクがペン・トリーティ公園に立てられ、2010年にこの有名な木の子孫であるニレの若木がそこに植えられて、レナペ族の歌と踊りによって祝われた。

時はわれわれの木を朽ち果てさせたが、
その木が目にした思慮深い教訓は
今日まで生き残っている。
われらが信頼に足る
政治家たちが国のかじ取りをするとき、
われわれのニレの下で結ばれた
賢明なる協定を決して忘れてはならない。
――『トリーティツリー（*Treaty Tree*）』、リチャード・ピーターズ、1825年頃

部族長は三日月形に配した人々の中心に座し、両側に長老や賢人たちを従えて会議を開いた。
好意と隣人愛に基づく大いなる約束がわれわれの間に交わされ、イギリス人とインディアンは太陽がこの世を照らす限り、友愛の情を持って生きねばならぬと決められた。
――ウィリアム・ペン、1683年

われわれの一族とあなた方の一族は、ひとりの父から生まれた子として兄弟となる。川が流れ、日、月、星が空にある限り、(中略)わが子ら、そして子の子らにいたるまで。
――ゴードン知事、1728年

トリーティツリー、T・ケリー画、1843年

セネター（上院議員の木）

❖ ロングウッド、フロリダ州、アメリカ

焼失する36時間前に撮影された、知られている限りで最後のセネターの写真、2011年

アメリカで最大、最古のポンドサイプレス［タチラクウショウ］（*Taxodium ascendens*、ヌマスギ）を見にフロリダへ行く計画を立てていたとき、2011年1月16日にこの木が火事で焼け落ちたというニュースが飛び込んできた。

この地域に1万2000年も暮らしていた先住民族のセミノール族にとって、この木はランドマークのような存在だった。もともと、大きな木という意味で「ビッグツリー」と呼ばれていたが、1927年に上院議員のモーゼズ・オーバーストリートがこの木とその周囲の土地をセミノール郡に寄贈してから、上院議員（セネター）と呼ばれるようになった。その2年後、前大統領のカルビン・クーリッジがこの地を公式訪問して記念の銅板を捧げたが、この銅板は1945年に盗まれて、それ以来発見されていない。

セネターは、フロリダのテーマ・パークにお客が集まる前からずっと主要な観光スポットだった。昔の旅行者はこの木を見るために、丸太から丸太へ飛び移りながら沼地を抜ける必要があったが、その後、木道が建設されて、現在も使われている。

1946年に幹の中心までのサンプルが採取され、樹齢3500年と推定された。高さ38メートル、幹回りは14.3メートルある。1925年まではそれより12メートル高かったが、この年にハリケーンが猛威を振るい、木の頂上部が折れてしまった。

2011年にセネターが焼けたとき、セミノール郡の消防団は放火を疑った。しかしその後の調査で、この木はその数日前に雷に打たれ、うつろな幹の内側から燃え出したせいで火事の発見が遅れたのではないかと考えられた。結局、警察への密告によって放火の疑いが裏づけられ、地元のサラ・バーンズという少女が逮捕された。彼女は夜になってからうつろな幹の中に入り、ドラッグを吸うために火をつけた。そして火を消さずに立ち去ったのだ。幹の頂上部から立ち上る火が目撃されたときはすでに遅く、この木を救うために消防士が手を尽くしたが、セネターは倒れた。バーンズは執行猶予付きの250時間の懲役という判決を言い渡され、合計およそ1万4000ドルの損害の賠償を命じられた。

今日訪れる人は、レディ・リバティによる歓迎で満足しなければならない。この木は往年のセネターのすぐ近くに立つボールドサイプレス［和名ヌマスギ］で、高さ27メートル、幹回り10メートル、樹齢2000年と考えられる堂々とした木である。

2000年にセネターから挿し穂を取り、15メートルの高さまで育てた木が、2013年にビッグツリー公園に移植された。こうしてセネターの命は受け継がれることになった。

強いものの足を引っ張ったからといって、弱いものが強くなるわけではない。
——カルビン・クーリッジ（1872–1933年）

ノーチェ・トリステ(悲しみの夜)の木

❖ メキシコシティ、メキシコ

ノーチェ・トリステの木、1886年

スペイン人のコンキスタドール(征服者)エルナン・コルテスは、1504年にイスパニョーラ島(ドミニカ共和国)に到着した。彼はキューバのバラコア市長を務めていた1518年に、スペイン領土の拡大を目的にメキシコへ向かった。

1519年、コルテスは軍を率いて、この地域を支配するアステカの首都テノチティトランに達した。アステカ王モクテスマ2世は敵の弱点を探るつもりで、コルテスを客として迎え入れた。事態が逆転したのは、モクテスマ2世がスペイン人によって捕らわれの身になったときだった。もっとも、本質的にはスペイン人もまた、テスココ湖に浮かぶ島に建設された都市から出られないという点で立場は同じだったのである。モクテスマが殺されると、アステカ人とスペイン人の関係は悪化し、スペイン人は持てるだけの黄金を奪って、夜陰に乗じて脱出しようと決心した。

1520年6月30日、月明かりのない雨の夜に、コルテスとスペイン軍はテノチティトランから西側の土手道を伝ってテスココ湖を越えて逃げようとした。アステカの兵士が集められ、スペイン人は土手道の途中で捕まって、大勢の死者を出した。コルテスは敵をかき分け、わずかな騎兵とともに対岸に逃げ延びた。言い伝えによれば、コルテスはモンテスマサイプレス[和名メキシコラクウショウ、メキシコヌマスギ](Taxodium mucronatum)の下で立ち止まり、敗北と犠牲になった兵士のためにむせび泣いたという。敵地の中で身を寄せる場所もなく、この事件は「ノーチェ・トリステ(悲しみの夜)」と呼ばれるようになり、それがこの木の名前にもなった。

ノーチェ・トリステの木は数世紀の間生きつづけたが、1972年と1981年の2度、火事で焼けた。焼け焦げた巨大でうつろな幹が、2013年に再建された公園の中央に記念碑として残っている。

モンテスマサイプレス(アステカ人は「水の老人」を意味するアウェウェテと呼んだ)はメキシコの先住民族にとって神聖な木で、とてつもない大きさに成長する。この木は権威の象徴であり、しばしば大通りに植えられた。1910年に、メキシコ独立100周年を祝って、この木を国樹とすることが投票で決められた。

アステカの人々にとっては無念なことだが、悲しみの夜の勝利は長続きしなかった。1521年8月、コルテスは軍勢を立てなおし、容赦なくアステカを滅ぼした。

コルテスは立ち止まり、座り込みさえしたが、それは休むためではなかった。死者を悼むため、そして多くの友と財宝を奪い去った出来事を振りかえるためだった。今の不幸を嘆くだけでなく、これから迫りくるものを恐れてもいた。傷だらけで、行くあてもなく、トラスカラには護衛の兵も友人もいなかった。コルテスは涙したが、それは死と、勝ち誇った敵の入り乱れるさまを見たためではなかった。

——『インド諸国通史(Hisoria general de las Indias)』、フランシスコ・ロペス・デ・ゴマラ、1552年

ノーチェ・トリステの木、1904年

トゥーレの木

❖エル・トゥーレ、オアハカ州

ノーチェ・トリステの木が焼け焦げた状態でさえ荘厳な印象を与えるとしても、メキシコシティから約500キロメートル南東にあるサンタ・マリア・エル・トゥーレの町のモンテスマサイプレス（メキシコヌマスギ）に比べれば、ほとんど見劣りがすると言っていいほどだ。

1803年、アレクサンダー・フンボルトはトゥーレの木（「エル・ヒガンテ（巨人）」という名でも知られていた）について、カナリア諸島のリュウケツジュやアフリカのバオバブの木よりも大きいと書いたが、それは誇張でも何でもなかった。幹回り36メートル（ひだに沿って測ると58メートル）のこの木は、同種の木の中で最大の幹回りというだけでなく、世界最大の幹回りの木という栄誉を担っている。

この木は樹齢1000年から3000年の間と推定されているが、イタリアの植物学者カシアーノ・コンサッティが1921年に実施した調査は、樹齢1433年から1600年の間を示していた。コンサッティは、この土地に生えている他のモンテスマサイプレスの樹齢の平均を計算した上で、この木の直径をセンチメートルで表した数字は、大まかに言って樹齢のおよそ半分に等しいという結論を出した。興味深いことに、この推定は、この木がアステカ族の嵐の神の僕ペチョカによって約1400年前にエル・トゥーレの村人のために植えられたというサポテク族の伝説と一致している。

トゥーレの木、1905年頃

オアハカ周辺の地域に少なくとも2500年間暮らしていたサポテク族の民話では、木が非常に重要な役割を果たしている。ある創造神話では、彼らの祖先は土から生まれ、2本の木から人間に姿を変えたと言われている。ノアの箱舟に似た洪水伝説では、ナタとその妻ネナがアステカ族の運命の神ティトラチャワンのお告げに従い、うつろなヌマスギの幹で船を作って洪水から逃れた。

縦に溝のあるでこぼこした幹のせいで、トゥーレの木は長い間1本の木ではなく、3本の木が合体したものだと考えられていた。しかし1996年に行なわれたDNA検査によって、トゥーレの木はひとつの生き物であることが確かめられた。1980年代の水不足にもかかわらず、この木はまだエル・ヒガンテの称号を返上するつもりはないようだ。

トゥーレの木、1935年

もはやプルケ[酒の一種]を作る必要はない。大きなサイプレスをまっすぐくり抜いて、トソトリの月になったらその中に入りなさい。水が空に近づこうとしている。
——『メキシコとペルーの神話（*The Myths of Mexico and Peru*）』に収められたメキシコの洪水伝説、ルイス・スペンス、1913年

トゥーレの木、2010年

コロンブスの木、1909年

コロンブスの木

❖ サント・ドミンゴ

コロンブスの木、2010年頃

クリストファー・コロンブスはサンタマリア号で5か月航海したのち、1492年10月12日にサン・サルバドル島に着いた。コロンブスはスペインから出港し、大西洋を渡ってアジアに到達する近道を発見したいと思っていたが、偶然にも新世界にたどり着いたのである。コロンブスは「アメリカ大陸の発見者」と称えられているが、当時は、自分がいるのはアジアだと信じて疑わなかった。

タイノ族がすでにカリブ海地方にしっかり根を下ろしていたという事実は、「発見と言ったって、それはずっと前からそこにあったんだ」というロン・ムーディの言葉を思い出させる。実際、コロンブスがアメリカを発見した最初のヨーロッパ人だという考えには、論争の余地がある。それよりおよそ5世紀前に、ヴァイキングの居住地がアメリカ大陸北部に築かれているからである。

1492年12月までに、コロンブスはタイノ族がキスケヤと呼んでいた島に到達した。コロンブスはこの島を母国にちなんでイスパニョーラ島と改名し、タイノ族の神経を逆なでした。

スペインに帰国後、コロンブスはスペインが統治する恒久的な植民地を建設するために、翌年2回目の遠征に出発した。言い伝えによれば、イスパニョーラ島に戻ったコロンブスはオザマ川をさかのぼり、サンタマリア号を川の西岸の大きなカポック（*Ceiba pentandra*）の木に繋いだ。この島に金鉱が発見されたのち、クリストファーの弟のバーソロミューが、この場所に南北アメリカ大陸で最も古い都市であるサント・ドミンゴを1496年に建設した。

タイノ族は新たにやって来た入植者に苦しめられた。彼らの人口は、ヨーロッパから持ち込まれた免疫のない病気と、スペイン人による虐殺のせいで激減した。ドミニカにはクリストファー・コロンブスの名前を口にすると悪いことが起きるという迷信がある。そこでコロンブスは名前の代わりに、ただ提督と呼ばれることが多い。

コロンブスの木は神殿のように崇拝され、20世紀初めまで生き延びて、巨大な木に成長した。1920年代に枯れかけた部分が大幅に剪定され、タイノ族がバルサム・ウッドと呼んでいた木材の一部が1928年にマリナーズ銀行に寄贈された。新しい木が植えられ、元気いっぱいの大きな木に成長した。その傍らで、初代の木の切り株がゆっくりと朽ちつつある。

彼らは人がよく、自分たちの持ち物を何でもわれわれと取り引きしたり、くれたりする。われわれを喜ばせることがうれしいのだ。彼らはきわめて大人しく、悪というものを知らない。殺したり、盗んだりということもない。国王陛下には、世界中どこを探してもこれほど善良な民族はいないと信じていただけると思う。彼らは自分たちと同様に隣人を愛し、世界中の誰よりも優しい言葉をかけあい、穏やかでいつも笑っている。

——コロンブスが日誌に記載したタイノ族の描写、1492年

壁のようなカポックの木の幹の下部。マヤ族はこの木を神聖な生命の樹と考え、空を支えていると信じていた。種子のまわりのワタのような繊維が数千年前から利用されてきた。

ブキ・ティマ自然保護区

❖シンガポール

イギリス東インド会社のスタンフォード・ラッフルズは、1819年にシンガポールに重要な商業拠点を建設する権利を得た。ラッフルズが見たシンガポールは、深いジャングルと沼地に覆われた、ほとんど人の住まない島だった。イギリスが1824年にマレー人の君主からこの島の主権を獲得すると、ラッフルズは森林の伐採に着手した。これが現在に至るまでハイスピードで続く、シンガポールの継続的開発の始まりだった。

首都シンガポールから北西に12キロメートル離れたブキ・ティマは、1833年に最初の自然保護区のひとつに指定された。1930年代末までに、シンガポールの森林面積の大半は開発と林業のために消滅したが、ブキ・ティマは動植物の保護のために残された。現在では、この163ヘクタールのささやかな地域に同島最大の熱帯雨林の原生林が残り、北アメリカ大陸全体よりも多い360種の異なる木が生育している。

ブキ・ティマという名前は、錫(ティマ)の山(ブキ)という意味だが、シンガポールの最高地点(164メートル)であるこの土地に錫が産出するわけではない。どうやら西洋人が「ティマ」と「ティマク」を聞き間違えたようだ。ティマクとは、この山に自生している木の名前だ。この自然保護区の最も古い木は、樹齢360年のセラヤ(*Shorea curtisii*)である。

熱帯雨林の大半がそうであるように、この自然保護区の土壌は浅く、木は、根が地表に露出して板状になる板根(ばんこん)を形成している。浅く張った根は水分を保持し、林床の腐敗する落ち葉などから養分を直接吸収している。赤道上に位置するため、気温は年間を通じて26〜28℃で安定し、空気中の湿度は高くなっている。

かつてはこの山の斜面をトラが歩きまわり、1860年には200人近くが犠牲になったという報告があるが、最後の1頭が1930年に射殺され、現在は姿を消してしまった。ここは現在も野生生物の宝庫で、シンガポールの自然保護区でしか見られない29種のヘビや、ヒヨケザル、オオトカゲ、マメジカ、巨大なアリが生息している。

マレー人の伝説に登場するブキ・ティマ・モンキーマンという怪物は、身長1〜2メートルの人の姿をした灰色の毛むくじゃらの生物で、人間のように歩き、猿のような顔つきをしている。不老不死で、夜になると現れると言われるため、シンガポールの若者は暗くなってからこの地域をうろつかないように注意される。目撃情報は1805年からあり、第2次世界大戦中にシンガポールを占領していた日本兵が見たという話もある。最後に見たという報告があったのは2007年である。

シンガポールの森林伐採、1920年頃

この地域に多数生息している尻尾の長いマカクザルをモンキーマンと見間違えた可能性はあるだろうか？ 私は1頭のマカクザルが、森のはずれのバンガローの窓から中に忍び込むのを見たが、完全にプロの空き巣狙いの雰囲気を漂わせていた。

この地域の植生は実に豊かで、巨大な森の木、そして多種多様なシダが繁っている。
——アルフレッド・ラッセル・ウォレス、1869年

オオトカゲ、2011年

マカクザル、2011年

ブキ・ティマ自然保護区、2011年

テンブス

❖ シンガポール植物園、シンガポール

シンガポール植物園は、現在の港湾都市シンガポールの創設者であるスタンフォード・ラッフルズによって、当時ガバメント・ヒルと呼ばれていた場所に1822年に設立された。当初の目的は、ココア、ナツメグ、ゴムなどの商品作物を生産することだった。この植物園は1859年に現在の場所に移転した。ここは都会の喧騒の中に作られた穏やかな熱帯のオアシスであり、数百本の大きな木々が生育している。園内には熱帯雨林の区画や、3000種類の洋ランが育てられている国立洋ラン園もある。

植物園の中には特に貴重な14本の歴史的記念樹があるが、その中でもひときわ重要なのは、シンガポール原産の樹高30メートルのフジウツギ科のテンブス（*Fagraea fragrans*）である。この木は、この植物園ができたときからそこに立っている。波打つような大きな板根のせいで、幹回りの計測は難しいが、公式には5.3メートルとされている。低い枝が幹に対して垂直に伸びるのがこの種類の木の特徴で、あたかも何かを探し求めているかのように見える。

花の季節になると、日没とともにクリーム色の花が開き、特徴的な甘い香りを放つ。この香りが学名の*fragrans*［ラテン語で香料、芳香などの意味がある］の由来である。苦味のある赤い実は鳥やオオコウモリの食べ物になり、硬い木材はこの国ではまな板に使われる。

この植物園にはもう1本、高さ42メートル、幹回り7.8メートルのかなり大きなテンブスがある。しかし、その優美な樹形とシンガポールの5ドル札の裏面にデザインされたという名誉によって、小さいほうのテンブスは誰もが知るシンガポールの象徴である。

シンガポール植物園、1920年頃

シンガポールの5ドル札

テンブスの葉と亀裂の入った幹

テンプスの大木、2011年

パトリアルカ・デ・フローレスタ(森の父)

❖ バスヌンガ国立公園、サンタ・リタ・デ・パサ、ブラジル

アマゾン熱帯雨林の窮状に世界の関心が集まるのはきわめて当然だが、その陰で、アマゾンと姉妹関係にあるあまり知られていないブラジルの森の危機は、見過ごされている可能性がある。

ポルトガル語でマタ・アトランチカと呼ばれる大西洋岸森林は、大まかに言えばリオ・デ・ジャネイロを中心に、ブラジル南東の沿岸地域に太い帯状に存在していた。しかし最近の調査によれば、この森は現在、かつての面影をわずかしかとどめていないことが明らかになった。昔は125万平方キロメートルの面積があったが、伐採と開発の犠牲になり、今では元の森林の10パーセント以下しか残っていない。サン・パウロやリオ・デ・ジャネイロのような大都市の拡大によって、これからも森林破壊は続き、ブラジル固有の動物90種と、固有の植物8000種が絶滅すると予想されている。生態系と商業のバランスを取ることが今後の課題だ。

大西洋岸森林で絶滅の危機にある種のひとつに、サガリバナ科のピンク・ジェキチバ(*Cariniana legalis*)がある。これは森林を構成する木の中でブラジル最大で、原生林の上層を占めている。近年、国際自然保護連合(IUCN)が作成する絶滅の恐れのある生物のレッドリストに記載された。

バスヌンガ国立公園で最大のジェキチバは、一般にパトリアルカ・デ・フローレスタ(森の父、あるいは巨人)と呼ばれ、周囲の木を見降ろして立つ高さ49メートル、幹回り16メートルの巨木である。樹齢3000年以上と推定され、同種の木の中では最も古く、おそらくブラジル最古の木である。皮肉なことに、この木が生き延びたのはその巨大さのおかげだ。この土地をサトウキビ畑にするために森林が伐採されたとき、森

パトリアルカ・デ・フローレスタ、2013年

の父を切り倒せるほど大きな機械がなかったので、この木は後世に残された。幸い、今ではこの木はバスヌンガ国立公園で保護され、園内には見事なジェキチバが何本も生えている。ペトロポリス市近郊の丘陵地帯にも見事なジェキチバの原生林が見られる。

博物学に興味を持つ人間にとって、今日のような日ほど強い喜びを感じさせてくれる日はまたとないだろう。

——大西洋岸森林を初めて歩いたチャールズ・ダーウィンの言葉、1832年

ペトロポリス市近郊の大西洋岸森林、1999年

ブラジルの森林の光景、1855年。このジャガーの無事を祈りたい。中央の木がパトリアルカ・デ・フローレスタに似ている点に注目。

> 私はバオバブのうつろな幹で夜を明かした。中は20人が入れそうな広さだ。その木は昔、バビサ族が狩猟小屋として使っていた。
> ——『南アフリカの伝道と調査（*Missionary Travels and Researches in South Africa*）』、デーヴィッド・リヴィングストン、1857年

ビッグツリー、1935年

ビッグツリー
❖ ヴィクトリアの滝、ジンバブウェ

ヴィクトリアの滝近くに生えているアフリカ・バオバブ（*Adansonia digitata*）は、ビッグツリーの名で知られているが、アフリカ大陸で最大でもなく、最古のバオバブでもない（この栄誉は南アフリカのサンランド・バオバブのものだ）。この木を本書に入れるのは、私が初めて見たバオバブだからである。若かりし頃、この木は私にとって植物界の象のように見えて、忘れられない印象を残した。私の両親はジンバブウェ（当時のローデシア）を訪れたことがあり、驚くような話と写真を持ち帰った。そのひとつが、ここで紹介するビッグツリーである。

ビッグツリーは高さや大きさが抜んでいるわけではないが、幹回り16メートル、高さ20メートルの堂々とした木である。樹齢は1000年と考えられており、スコットランド人宣教師で探検家でもあるデーヴィッド・リヴィングストンが1855年11月16日にモシ・オ・トゥニャ（「轟く水煙」という意味）の滝に案内されたときも、高々とそびえていたに違いない。リヴィングストンはこの滝を祖国の女王にちなんでヴィクトリアの滝と改名した。ビッグツリーの側にリヴィングストンの銅像が立っている。

リヴィングストンはバオバブに魅了され、何本ものバオバブの樹齢を調査した。マラウィ湖の湖畔のバオバブのうつろな幹の中で一晩過ごしたこともあり、そのバオバブには彼にちなんだ名前がつけられた。その洞窟のような幹の内側に刻まれたDLというイニシャルが、いまだに残っている。この木は平原をうろつく野生動物から隠れるための避難所として今も現地の人々に使われているが、2本の締め殺しの木にゆっくりと巻きつかれているので、放っておけばそのうち完全に包みこまれてしまうだろう。

リヴィングストンの妻メアリーは夫とアフリカを旅行中にマラリアにかかり、1862年4月27日に亡くなって、1本のバオバブの木陰に埋葬された。リヴィングストンがマラリアと赤痢によって1873年5月1日に亡くなると、彼の心臓はムバンガの木の下に埋められ、遺体はロンドンまでの長旅に備えて、その枝の上で乾燥された。リヴィングストンは1874年4月18日にウェストミンスター大聖堂に埋葬された。

ビッグツリー、1977年

バオバブは命を与える木として知られ、アフリカでは昔から、この木のほとんどあらゆる部分が利用されてきた。樹皮は織物やロープの材料に、種子は炒って食用にし、果実の殻は水を運ぶ容器に、種子を包む白いパルプ質（仮種皮）は元気を回復させる飲み物になり、葉は料理して食べる。柔らかい木材は食器に加工される。地元の言い伝えによれば、バオバブの木から花を摘み取ると、その年が終わる前に必ずライオンに食べられるということだ。

そこにはがっしりした巨大なバオバブが、周囲を見下ろすように立っている。枝の1本ずつがとてつもなく太く、大木の幹の太さほどもある。

——『南アフリカの伝道と調査（*Missionary Travels and Researches in South Africa*）』、デーヴィッド・リヴィングストン、1857年

アフリカで行方不明になったと思われていたリヴィングストンと出会ったヘンリー・スタンリー。「リヴィングストン博士とお見受けしますが？」というスタンリーの言葉はよく知られている。

ベインズのバオバブ

❖ヌサイ・パン国立公園、トゥトゥメ、ボツワナ

イギリス人の画家、トーマス・ベインズは、1858年に伝説的な探検家のデーヴィッド・リヴィングストンのザンベジ川遠征に参加し、彼とともにヴィクトリアの滝を目にした最初のヨーロッパ人のひとりになった。

それ以前に、ベインズはオーストラリア北部の探検に公式画家として2年間加わり、彼にとって最初のバオバブの絵を描いた。1861年には狩猟家で探検家のジェームズ・チャップマンとともにアフリカ南西部を旅し、再びヴィクトリアの滝まで遠征した。ふたりはそれぞれ旅の日誌をつけ、道中で遭遇したさまざまな災難について克明に記録している。旅は病気と死につきまとわれ、食料や飲み水はしばしば枯渇した。

ベインズはナミビアから馬と徒歩で出発し、1862年5月21日にボツワナの塩湖に到達して、7本のバオバブ(Adansonia digitata)が生えたオアシスを見つけた。ベインズはそこに座ってバオバブの絵を描き、結果的に自分の名をアフリカ史に書き残すことになった。オアシスのバオバブは彼にちなんで名づけられ、それ以来多くの画家によって描かれた。1984年にはイギリスのチャールズ皇太子もこのバオバブを描いた。

さらに旅を続けて3週間後に、一行はカナダ人探検家のチャールズ・グリーンの名前が刻まれたバオバブの巨木にめぐりあった。この探検家は4年前にここを訪れていたのである。さらに、根元の幹回りが25メートルというもっと大きなバオバブも発見した。このバオバブはチャップマンが写真に収め、彼にちなんだ名前がつけられた。

現地の人々は、バオバブを「逆さまに植えられた木」と呼ぶ(アフリカの創世神話では、神ソーラが怒って樹冠を地面に向けて投げつけたと言われている)。巨大なバオバブの推定樹齢は、500年から6000年と大きな幅がある。バオバブは成長が速く、年とともに例外なく幹がうつろになり(旱魃に備えて幹に水分を蓄える生き残り戦術のためだ)、年輪が残らないので樹齢を数えられないのである。描かれてから150年以上たったベインズのバオバブは、姿が現在とほとんど変わっていない点を考慮すると、樹齢は1000年と推定して間違いなさそうだ。

幹回り21.3メートルのバオバブ、トーマス・ベインズ画、ボツワナ、1861年

ベインズのバオバブ、2010年

ずいぶん遠まわりして、タバコ入れが空になった頃、ようやく昨日馬車から見たあのバオバブの林にたどり着いた。5本の成木と2、3本の若木が立っている。葉の繁る季節なら、ひとつの大きな木陰を作るに違いない。1本の巨大な幹が折れて横たわっていたが、いまだに生命力を失わずに枝を伸ばし、他の木と同じように若葉をつけていた。

――『南西アフリカの探検(Explorations in Southwest Africa)』、トーマス・ベインズ、1864年

ベインズのバオバブ、2010年

サンランド・バオバブ

❖ モディアディスクルーフ、リンポポ州、南アフリカ

モディアディスクルーフの1本のアフリカ・バオバブ(*Adansonia digitata*)は、サンランド・バオバブ、ビッグバオバブ、パブツリー、ダイヴェルスクルーフ・ジャイアントなど、さまざまな名前で呼ばれている。地上最大の幹回りのバオバブの一つで、ふたつに分かれたうつろな幹の周囲は33.4メートルという大きさだ。メキシコのトゥーレの木に次ぐ、世界第2の太さを持つ木である。2009年まで、幹回り46.6メートルのグレンコーのリンポポ・バオバブが世界第2位の栄誉に浴していたが、この木はこの年にふたつに裂けてしまった。

サンランド・バオバブの樹齢は最高で6000年と推定されているが、2011年に放射性炭素年代測定法でこの木の最も古い木部を調べたところ、2本に分かれた幹のうち、小さい方は1060年、大きい方は750年で、誤差はプラスマイナス75年という結果が出た。この木の裂け目には15人が楽に座れる広さがあることを考えれば、最も古い幹が朽ちてなくなった可能性もあり、実際にはもっとずっと古い木だということもあり得る。このときの調査で、幹の洞は1660年から1990年の間に少なくとも5回火事で焼けたことがわかった。

1980年代に、この木の新しい所有者がひとつの洞をパブに、もう一方をワインセラーにすることに決め、中をきれいにした。その最中にブラックマンバという蛇2匹を追い出し、この土地の先住民であるサン族が寝泊まりした形跡を発見し、1800年代にこの木を宿代わりにしていたオランダ人旅行者が残した物を見つけた。

アフリカでは、バオバブは昔から宗教的に重要な木で、古いバオバブには大いなる精神が宿ると信じられていた。少年がバオバブの樹皮に含まれる水で沐浴すれば、この木のように大きく強い大人になれると言い伝えられていた。バオバブは力、知恵、健康、そして長寿のシンボルなのである。

バオバブの外見は象のようだとよく言われるが、バオバブと世界最大の動物との関係は一方通行だ。象はバオバブの樹皮を食べ、枝を引き裂き、ときには押し倒してしまう。かつては象やその他の巨大な生物が、アフリカからヨーロッパ北部を含む広い地域で地球上をのし歩いていた。大きな木がますます巨大で頑丈になり、厚い樹皮を身につけて、今日見られるような巨木になったのは、おそらくこうした動物たちとの荒々しい触れ合いが原因なのだろう。

聖木として崇拝されるバオバブ、1914年

サンランド・バオバブ、2014年

(われわれは)初めて見るモアナの木(バオバブ)を鑑賞するために途中で立ち止まった。**森の偉大な君主の圧倒的な壮大さに打たれて、本当に驚きで口もきけないありさまだった。**
——『チャップマンの南アフリカ奥地の旅行記 (*Chapman's Travels in the Interior of South Africa*)』、ジェームズ・チャップマン、1868年

サンランド・バオバブ、2014年

南半球──南アフリカ | 225

バオバブ・アベニュー

❖ ムルンダバ、マダガスカル

9種あると知られているバオバブのうち、6種はマダガスカル島の固有種である。マダガスカル島の野生生物のうち90パーセントは、自然状態では地球上の他のどの地域でも見ることはできない。この島はインド亜大陸から8800万年前に分裂し、ほぼ孤立した環境で独特の生態系を発達させた。

マダガスカルの人々からレニアラ（森の母）と呼ばれるバオバブをまとめて見られる場所として最もよく知られているのが、バオバブ・アベニューである。グランディディエ・バオバブ（*Adansonia grandidieri*）が260メートルにわたって立ち並び、自然の並木道を作っている。フランスの植物学者で探検家のアルフレッド・グランディディエ（1836－1921年）によって最初に発見され、学名にその名前がつけられた。

バオバブ・アベニューはマダガスカル島南西の都市ムルンダバの近くにあり、最大で幹回り9メートル、高さ30メートルの20～25本のバオバブが立っている。これらの木は樹齢800年と考えられ、並木として植えられたのではなく、昔の広大なバオバブの森が孤立した林としてわずかに残ったものだ。バオバブは2006年に国際自然保護連合（IUCN）によって、絶滅の危機に瀕する野生生物のレッドリストに加えられた。バオバブの数が限られているのは、マダガスカル人による農地開拓のための森林伐採の影響であり、それは少なくとも2000年前にこの島に人類が住みはじめたときから続いている。同様の焼き畑農業は現在も行なわれており、バオバブを保護する対策は何もないも同然である。マダガスカル島は原生林の90パーセント以上をすでに失ったと考えられている。およそ40パーセントは、1950年から2000年の間に消滅した。森林がなくなれば、他の野生生物の生存も脅かされる。マダガスカル島の有名なキツネザルや、バオバブの木から木へと樹冠を移動して花に受粉するスズメガも危機に瀕している。かつては、このスズメガとともにバオバブの繁殖に協力する鳥がいた。それはエピオルニスという飛べない鳥で、バオバブの実を食べて種を遠くに運ぶ役割をしていたと考えられているが、17世紀以前に絶滅してしまった。

バオバブ・アベニューの壮大さは見事というほかなく、夕陽に映える姿は写真家にとって夢のような光景である。2007年に環境・水・森林省は、これらのバオバブに一時的な保護を与えた。これがバオバブの未来の存続に結びつくように願っている。

マダガスカル島のフニィバオバブ、トゥレアル、1905年頃

亡骸は、遺体を安置する場所に置かれるときもあるし、屋根のある特別な場所で屋外にさらされることも、籠に入れるか敷物に包まれて、森で木につるされることもある。

――『マダガスカル島の歴史、博物誌、政治（*Histoire, Physique Naturelle et Politique de Madagascar*）』よりアルフレッド・グランディディエによるマダガスカルの風習に関する記録、1885年

ムルンダバのバオバブ・アベニュー、2014年

南半球——マダガスカル島

ムルンダバのバオバブ・アベニュー、2012年

プリズンツリー（牢獄の木）

❖ ダービー、西オーストラリア州、オーストラリア

オーストラリアにも固有のバオバブがある。オーストラリアでは一般的にボアブ（Adansonoia gregorii）と呼ばれているが、ボトルツリー、逆さまの木（アフリカでもこう呼ばれる）、デッドラットツリー、ガウティステムツリー［幹の膨れた木の意味］、モンキーブレッドツリー（果実の丸い形から）とも呼びならわされている。

アダンソニア・グレゴリーという学名は、イギリス生まれのオーストラリア人探検家、オーガスタス・チャールズ・グレゴリー（1819-1905年）にちなんで名づけられた。この種はオーストラリア北西部のキンバリー地方で見られる。幹の中心部が膨れ、瓶のような形をしているので、アフリカのバオバブとは容易に見分けがつけられる。

アフリカのバオバブと同様に、オーストラリアのバオバブも、マダガスカル島から海を越えてきたと思われる。種の入った実が東に8200キロメートル海を浮遊して、インド洋を越えてダービーのどこかに漂着したのだろう。その場所はオーストラリアで最も有名なボアブ、プリズンツリーのある場所の近くだったと思われる。

ボアブはアボリジニにとって神聖な木で、ラールカーティ、ジュングリ、ワジャール、ジュムルなど、さまざまな名前で呼ばれている。この木は人に食べ物や水を与え、日陰や避難所を提供し、宗教的に重要な意味があった。ボアブの実に模様を刻んで着色したものは、伝統的なアボリジニの芸術品である。最近の研究によって、ボアブがキンバリー地域全体に広がったのは、アボリジニの移動によるものだということがわかった。アボリジニが携帯食料としてボアブの実を持って旅したので、行く先々に種子が散らばったのだろう。

言い伝えによれば、プリズンツリーという名前は、1890年代に牛を盗んだ罪で逮捕されたアボリジニの囚人の一団が、ダービーの裁判所に連行される途中、この木の中に鎖で繋がれて一晩過ごしたことに由来するという。このうつろな木

オーストラリアのボアブ、『アボリジニのオーストラリア百科図鑑（Illustrated Encyclopaedia of Aboriginal Australia）』、ウィリアム・ブランドウスキ、1857年

プリズンツリー、1960年

には、アボリジニの祖先の骨と魂が宿っている。

プリズンツリーのずんぐり膨れた部分の幹回りは14メートルで、樹齢は最高で1500年と考えられている。この木には多数の落書きが刻まれており、中には1世紀以上前にさかのぼるものもあるが、現在は落書き防止のために木製の柵がはりめぐらされている。

この種の木の枝はまるでヒドラの頭のように、「膨れた」幹を頂上部で丸く取り囲んでいる。そのため、枝に囲まれた中心部にくぼみができ、そこに冷たく澄んだ雨水をたっぷりとためておける。この水を汲むために、原住民はこの木の柔らかい樹皮に尖った杭を何本も打ち込んで、はしご代わりにする。

——オーストラリア人の人類学者で探検家のハーバート・バセドゥ（1881-1933年）によるボアブに関する記述

プリズンツリー、2007年

南半球——オーストラリア | 231

ネッド・ケリーの木

❖ストリンギーバーク・クリーク、ヴィクトリア州、オーストラリア

絞首刑前夜のネッド・ケリー

ヴィクトリア州マンスフィールドから35キロメートル北のオーストラリア先住民トゥンガロング族の先祖伝来の土地に、ウォンバット山脈がある。ここは19世紀末に悪名をとどろかせたギャングのケリー一家が活躍した場所で、その名はオーストラリアから海を越えて世界に知れわたった。

ギャングのリーダー、ネッド・ケリー（1854-1880年）はアイルランドから来た移民の子孫で、警察とのもめごとは慣れっこだった。わずか15歳のときに傷害容疑で逮捕され、その後は裏社会の師であるハリー・パワーの強盗の共犯として逮捕された。ついに傷害とわいせつ行為で6か月の懲役に服し、続いて盗まれた馬を受け取った罪で3年の懲役刑を受けた。

ネッドが釈放されたあと、1878年4月にグレンローワン近郊のケリー家にアレクサンダー・フィッツパトリック巡査が訪れた。ネッドの弟ダンを窃盗容疑で逮捕するためである。そこで口論になり、フィッツパトリックは容疑者を連行できないまま、負傷した手首と傷ついたプライドを抱えて立ち去った。彼はケリー一家が自分を殺そうとしたと訴え、ネッドの母エレンとふたりの隣人を収監した。ネッドとダンは警察の横暴に憤り、うっそうとした森に覆われたウォンバット山脈の原野に潜んで、ブルロック・クリークで金を探し、牛を盗んだ。そこへケリー兄弟を逮捕し、裁判にかけるために、マンスフィールドから警官隊が派遣された。ケネディ巡査部長とスキャンロン、ロニガン、マッキンタイア巡査は、ストリンギーバーク・クリークの河畔の崩れかけた小屋の近くに野営したが、ケリー兄弟の隠れ家がそこからわずか1.6キロメートルたらずのところにあるのに気づかなかった。1878年10月25日、ロニガンとマッキンタイアはケリー兄弟とその仲間に急襲され、ネッドは彼らに「手を上げろ！」と言った。丸腰だったマッキンタイアは降伏したが、ロニガンは銃を抜いた途端にネッドに射殺された。ケネディとスキャンロンが駆けつけて銃撃戦になり、彼らもまた殺された。マッキンタイアはかろうじて逃げ、マンスフィールドに戻ってこの事件を報告した。

ケリー・ギャングは警官殺しの無法者となり、オーストラリア最悪のお尋ね者になった。

人生なんてこんなもんさ。
——ネッド・ケリーの有名な最後の言葉。

ケリーの木、2012年

グレンローワンの最後の戦いで、「防弾の」鉄製の甲冑をかぶったネッド・ケリー

ストリンギーバーク・クリークの西岸の、銃撃戦があったと公式に認められている場所からおよそ250メートル離れたところに、ユーカリプツス・ビミナリス（E. viminalis）の大木が立っている。幹回り8メートルのこの木は、ケリーの木と呼ばれている。

かつてはその近くに生えていた別の2本の木がそう呼ばれていた。最初の木はスキャンロンが殺された地点の近くにあり、流れ弾でついた傷があった。しかし1908年に、この大木は木材の特別な注文に応じるために製材会社が伐採してしまった。1930年代に当時の地主のチャーリー・ビアズリーによって2本目の木が選ばれ、ケリーの木と書かれた札が取りつけられた。しかし、この木はその後まもなく枯れて倒れた。現在のケリーの木は1933年頃、近くに住むティム・ブロンドによって命名された。彼はこの木の樹皮の一部を剝がし、死んだ3人の警官の名前を追悼のために幹に彫りつけた。1973年に、ネッド・ケリーが最後の戦いで弾よけとして身につけていた甲冑のようなヘルメットの小さなレプリカがこの木に取りつけられた。その後、樹皮が再生したために、このレプリカはほとんど木に埋まっている。

2001年に、ケネディ、スキャンロン、ロニガンを永遠に記念するために、銘板をはめ込んだ大きな石碑が立てられた。今では毎年数千人がこの場所を訪れる。

ケリー・ギャングの物語を続けよう。逃亡してからおよそ2年が過ぎ、ブッシュレンジャー［森林に潜む山賊］となって2度の銀行強盗もやってのけた彼らは、1880年6月27日、グレンローワンの宿屋に人質を取って立てこもった。彼らを逮捕するために警官隊が派遣されたと聞き、ケリー一味は警官隊の乗った列車を脱線させようとした。しかし仕掛けた罠が当局に通報され、列車は脱線を免れた。

警察が宿屋を包囲し、激しい銃撃戦になって、人質数名とともに双方に犠牲者が出た。ネッド・ケリーはこの有名な最後の戦いで仲間と一緒に手製の甲冑を身につけ、警察の猛攻撃に正面から立ち向かった。この甲冑はケリーの行動に共感した農民から譲られた鉄製の鋤を溶かして作ったもので、彼らに味方する民衆は多かったのである。足を撃たれたネッドは身動きできなくなり、大きな倒木の後ろに倒れて取り押さえられた。この戦いで一味の残りは全員死んだ。

1880年11月11日の午前10時、ネッド・ケリーはオールド・メルボルン監獄で絞首刑になり、共同墓地に埋葬された。

ネッド・ケリーの伝説は、今もケリーの木とともに生きている。新たに発見された証拠によれば、ネッド・ケリーは政治体制の改革を求める活動家と何らかの関わりを持っていた可能性が明らかになった。この政治改革が最終的に1901年のオーストラリア連邦の形成につながり、この国のイギリスからの独立を促したのである。

ケリーの木の幹に埋もれたネッドの甲冑のレプリカ、2012年

南半球——オーストラリア

コロボリーツリー

❖ メルボルン、オーストラリア

メルボルンの中心部からヤラ川に沿っておよそ7.7キロメートル東に行くと、リッチモンド地区にバーンリー・オーバルという公園があり、そこにレッドリバーガム（*Eucalyptus camaldulensis*）[学名からユーカリ・カマルドレンシスとも呼ばれる]の大木が草地の中に柵で囲まれて立っている。この木はずいぶん前に枯れて、幹はうつろである。1933年に撮影された写真は、今とほとんど変わらない姿をしている（右の写真）。この木は、この地域に4万年近く前から暮らしていたオーストラリア先住民のウルンジェリ族の記念碑として保存されている。昔の氏族の縄張りを示す木であり、コロボリーツリーとして重要だった。コロボリーはアボリジニの人々の儀式で、彼らはボディ・ペイントをしてこの木の周りに集まり、踊り、歌い、アボリジニの天地創造の物語である神聖な「ドリームタイム」の場面を演じた。こうした儀式によそ者が参加することは厳しく禁じられていたが、初期のヨーロッパ人入植者は、この木のもとで行なわれたコロボリーを何度か目撃していた。コロボリーという名前自体、本来のアボリジニの言葉であるカリバリーがヨーロッパ風になまって定着したものだ。

レッドリバーガムはオーストラリア大陸で最も一般的な木で、オーストラリア本土ではほぼどこにでも分布している。成長が早い広葉樹で、数百年は生きられる。アボリジニの人々はこの木から樹皮を剥いで、盾やカヌーを作り、簡単な住まいを建てるのに使った。メルボルン周辺のレッドリバーガムの古木には、こうした古い習慣を示す傷が残るものがある。この木には薬効があり、葉をつぶして煮詰めて作った軟膏はさまざまな痛みに効き、インフルエンザのような症状をやわらげる効果がある。

レッドリバーガムから作った治療薬は、初期のヨーロッパ人入植者が免疫のないウルンジェリ族にもたらした天然痘には何の効果もなく、多数の犠牲者が出るのを防ぐ力はなかった。

私はこの記念の木を探してメルボルンからヤラ川沿いのヤラ・トレイルという散歩道を自転車でたどり、レッドリバーガムの林の中に特に目印もなく立っているのを見つけた。この木には独特の雰囲気があり、これがまさに探していた木だという確信があった。考えてみれば、目印などウルンジェリ族の人々に何の役に立つだろう？ 彼らはただ、この場所に導いてくれるようドリームタイムに呼びかければいいのである。

コロボリー、ヴィクトリア州、1850年頃

コロボリーツリー、1933年

彼は叫び、足を踏みならし、コロボリーの踊りを踊った。

——『水の申し子（*The Water-babies*）』、チャールズ・キングスリー、1863年

コロボリーツリー、2011年

南半球——オーストラリア | 235

リーピングツリー（飛び立つ木）

❖ レインガ岬、北島、ニュージーランド

リーピングツリー、レインガ岬、2011年

ポフツカワの花、グレートバリア島、2014年

ポリネシア人がおよそ1000年前に初めてニュージーランドのノースランド地方にカヌーで到達したとき、そこは深い森に覆われた温帯の島で、哺乳類の姿はなく（コウモリを例外として）、鳥類の楽園だった。

マオリ族の伝説によれば、ニュージーランドを発見したのはクペという名の航海者である。彼は従兄が溺れるのを見殺しにしてしまったので、報復を恐れて祖国のハワイキを離れなければならなかった。タイパに上陸したとき、雲が彼らを迎えるようにたなびいていたので、クペの妻のヒネ・テ・アパランギは、この土地を「長く白い雲の大地」を意味するアオテアロアと名づけた。ニュージーランドは太平洋に進出したポリネシア人が居住する地域の西南端にあたる島である。

マオリ族は、彼らの魂の故郷は北にあると考えていた。ニュージーランドの北西端にあるレインガ岬に、風にさらされた岩だらけの絶壁にしがみつくように、樹齢800年のポフツカワ（*Metrosideros excelsa*、フトモモ科）の木が立っている。リーピングツリー（飛び立つ木）と呼ばれるこの木は、マオリ族にとって特に重要な意味を持っている。

マオリ族は、死ぬと魂がテ・アラ・ワイルア（魂の道）を通って北に向かい、スピリッツ湾を通過してレインガ岬に到達すると信じている。魂はそこからリーピングツリーの根を通って海に入り、マナワタウィ（偉大な王の島）へ行き、そこで最後の別れを告げてから海に戻り、父祖の地であるハワイキ・ア・ヌイに帰るのである。

レインガ岬には年間およそ15万人が訪れるが、木に近づくのは禁止されている。岬の緑化が進行中で、私はそこで、母の思い出のためにフトモモ科のマヌカの木ティツリー（*Leptospermum*）を植えた。

ポフツカワは12月になると鮮やかな赤い花を咲かせるので、ヨーロッパ人入植者はニュージーランド・クリスマスツリーと呼んだ。この花は若いマオリ族の戦士ターワキが天に昇ろうとして落ちたときに流れた血だと言われている。しかし、言い伝えによればレインガ岬の神聖なポフツカワは、これまで一度も花を咲かせたことがないという。

> 荒涼とした魂の道を、
> 悲しげにためらい、振り返りながら、
> 報われぬ勇敢な戦士の魂が、
> 恐ろしげな列をなしてゆっくりと進んでいく。
> ——『魂の大地（*The Spirit Land*）』、マニング判事（1811–1883年）によるマオリ族の詩の翻訳

レインガ岬。タスマン海が太平洋に出会う場所と言われている。岬の突端にリーピングツリーが見える。2011年

モートンベイ・イチジク

❖ ラッセル、アイランズ湾、ニュージーランド

イギリス人探検家のキャプテン・クックは、マオリ族にコロラレカと呼ばれていた港町ラッセルを1769年に訪れ、「最も美しい港」と称えた。

イギリスやアメリカの捕鯨船が補給や修理のために次々と寄港し、続いてニュージーランド・フラックス〔亜麻に似た繊維の原料となるニューサイラン〕やカウリ材を求める商人が訪れて、ラッセル周辺のカウリの森の伐採が進んだ。現地のマオリ族は増加する入植者に食料を売り、売春をして稼いだ。1800年代初めには、ラッセルは酒場と売春宿で悪名を馳せ、太平洋の地獄と呼ばれるようになった。荒々しく下品な無法地帯であり、暴力沙汰も珍しくはなかった。

英国聖公会宣教協会から派遣された宣教師のサミュエル・マーズデンは、この悪徳の巣窟に衝撃を受け、現地の「異教徒」にキリスト教を布教するために、1814年にンガプヒ族の部族長と面会した。宣教師たちが最初の改宗者を得たのは、それから11年後のことだった。

ワイタンギ条約はニュージーランド建国の基礎となった条約で、1840年2月6日にラッセルの対岸のパイヒアで、イギリス政府と540名のマオリ族の部族長との間で締結された。この条約によってマオリ族はイギリスによる統治と、イギリス女王がマオリの土地を購入する権利を承認した。ラッセルはニュージーランド最初の首都となったが、9か月後に首都は移転された。

貿易が盛んになったため、1870年に海岸に面した場所に税関が（カウリ材を使って）建設され、エドワード・ビニー・レイングが初代税関長に就任した。彼はイギリス海軍士官候補生だったときに船を降りたと言われ、税関の前にモートンベイ・イチジク（*Ficus macrophylla*）を植えて、そこで16年間勤務した。1900年までにこの建物は警察署に変わり、現在もそのまま使われている。私は税関の隣のデューク・オブ・マールボロ・ホテルに泊まった。そこはニュージーランドで一番早く酒類販売免許を取得したホテルと言われている。かつては売春宿だったが、現在ではのどかで平穏な田舎町に変貌したこの町にふさわしい、落ち着いたたたずまいを見せている。

税関に植えられたモートンベイ・イチジクは、幹回り9.35メートルのがっしりした木に成長し、今でもたくさんの実をつける。この木はオーストラリア南東部が原産で、イチジク属の木はイチジクコバチの媒介がなければ実をつけることができない。このモートンベイ・イチジクは、レイングと一緒にイギリス海軍の船でラッセルまで来たのかもしれない。

アイランズ湾でマオリ族に会うサミュエル・マーズデン、1814年。1850年制作の版画

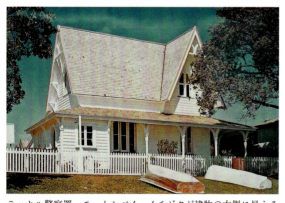

ラッセル警察署。モートンベイ・イチジクが建物の右側に見える。1970年頃

半ば酔っぱらった恥知らずな者どもがたむろするいかがわしい町。

——測量士のフェルトン・マシューがラッセルについて語った言葉、1830年頃

ラッセルのモートンベイ・イチジク、2011年

ワイポウア森林保護区

❖ 北島、ニュージーランド

ニュージーランドの広大なカウリの森は、かつては北島北部の半島からノースランド地方全体、そしてオークランドよりさらに南まで広がっていた。ヨーロッパから来た入植者によって大がかりな伐採が行なわれ、1900年にはすでにカウリは深刻な危機に瀕していた。

カウリ（*Agathis australis*）はナンヨウスギ科の大木になる常緑樹で、高さ50メートルまで成長し、幹回りは16メートルを超えることがある。ニュージーランド北部の固有種で、森林の上層部である林冠層をカウリが占め、その木陰で多種多様な木や植物が生育する。カウリの若木は円錐形で、成長するにしたがって下枝を失う。成木の樹冠にはさまざまな着生植物やつる植物が育つが、カウリの樹皮は自然に剥がれ落ちる性質があるため、なめらかな幹に寄生植物がつくのを防いでいる。カウリの寿命は2000年を超える。

120万ヘクタールあったと推定される原初のカウリの森のうち、現在残っているのは2パーセント以下にすぎない。1906年にはすでに、北島北西部のワイポウアの森を森林公園にすべきだという意見があった。あまりにも人里離れていたことが部分的に幸いして、この森はその頃まで破壊を免れていたのである。1952年に、ワイポウアの森はようやく森林保護区に指定された。この保護区の中にノースランド地方最大のカウリが生き残っており、タネ・マフタ、テ・マトゥア・ナヘレ、そしてマクレガー・カウリの名で知られている。マクレガー・カウリは、ワイポウアの森の伐採禁止運動に功績のあったW・R・マクレガーにちなんで命名された。

9105ヘクタールの広さを持つワイポウア森林保護区は、人気のある観光地であると同時に野生生物の生息地でもあり、原生林再生トラスト（Native Forest Restoration Trust）とワイポウアの守護者であるマオリの一族、テ・ロロア族が管理している。

残念なことに、カウリ立ち枯れ病という新しい危機がカウリの生存を脅かしている。この病気にかかった木は、葉が黄色く変色し、枝が枯れ、カウリガムと呼ばれる樹脂がにじみ出て、最後には枯れてしまう。この病気は人や動物に付着した土の移動によって広がる性質があり、有効な対策を発見するための努力が続いている。

木々は年老いてなお生気にあふれて立っている。

しかしその美しさは人間の餌食となって失われた。

人間が森の脇腹から木々をはぎとったのだ。

——『森の死——タネの子らへの追悼（*The Passing of the Forest—A Lament for the Children of Tane*）』、ウィリアム・ペンバー・リーブス、1890年頃

カウリの森、1884年

ワイポウアの森の林冠層、2011年

タネ・マフタ、ワイポウア森林保護区、1930年頃

初めに夜が──偉大な闇があった。それからパパ、大地にしてこの上なく愛情深い万物の母、そして父、公明正大な天なるランギが、無限の融合の中で分かちがたく抱き合った。そして彼らの間に挟まれて、巨大な子らが身動きできずにいた。

──『ラノルフとアモヒア（*Ranolf and Amohia*）』、アルフレッド・ドーメット、1872年

ニュージーランド百年記念のカウリ

カウリの葉と球果、ケーラーの薬用植物図鑑より、1850年頃

タネ・マフタ

❖ ワイポウア森林保護区、北島、ニュージーランド

マオリ族の森のアトゥア（神）、タネ・マフタにちなんで命名されたこの木は、ニュージーランドで最も大きく、最も有名で、最も多くの人が見に訪れる木である。

高さ45.2メートル、幹回りは15.44メートルで、幹は先細りせず、ほとんど頂上部までまっすぐ伸びるカウリの典型的な姿をしている。タネ・マフタは樹齢1500年から2000年の間と考えられ、最初のポリネシア人がこの島に到着したときより1000年も前からこの森で生きていた。カウリの巨木が偉大さと強さの象徴として先住民の心に強く刻まれているのは、少しも不思議ではない。

マオリ族の神話によれば、はじめに天空の父ランギが大地の母パパの腕に抱かれ、その周りを広大な闇、夜の神テ・ポが取り巻いていた。ランギとパパから生まれた神々は、固く抱き合う天空と大地に挟まれていた。この神々は自由と光を求めて父母を離れさせようとし、とうとうタネという名の息子が母を手で、父を足で押し、力を振り絞ってふたりの間に隙間を作った。差し込んだ光と空間に導かれて、タネは自分の子供である木々を地上に送り、母を覆った。しかし、タネは木を逆さまに植えてしまった。その間違いに気づいて、彼は1本のカウリの巨木を引きぬき、枝についた土を払って、根を下にして植えなおした。次に、タネはこの森の広大な緑の林冠を鳥で満たし、兄弟たちとともに鳥に囲まれて暮らした。

両親を引き離したのを申し訳なく思って、タネは父の後ろに太陽を置いて彼を温め、前には月を置いた。タネはまた、父ランギを燃えるような赤い衣で覆ったが、ふさわしくないと思いなおして衣を取り去った。しかし衣の一部が残ったために、日没にはそれが鮮やかな夕焼けになって見える。

タネ・マフタを撮った古い写真と、私が撮影した写真の間には81年の隔たりがあるが、偉大なタネ・マフタにはほとんど変化がない。その点からも、この木が相当な年齢であることがうかがえる。

タネ・マフタ、ワイポウア森林保護区、2011年

テ・マトゥア・ナヘレ

❖ ワイポウア森林保護区、北島、ニュージーランド

幹回り13.7メートルのカウリの巨木、ワイポウア森林保護区、1908年

タネ・マフタから1.6キロメートルたらずの場所に、「森の父」を意味するテ・マトゥア・ナヘレと呼ばれる木が立っている。この木もまた巨木の森の名残であり、ヨーロッパ人のカウリ材に対する欲望をかいくぐって生き延びてきた。

樹高37.4メートルで、タネ・マフタよりいくらか低いが、幹回りは16.76メートルあり、太さでは勝っている。ニュージーランドで最大の木であり、年輪の数も多い。1950年代に成長錐でサンプルを採取して年輪を数えたところ、樹齢は2000年を超えることがわかった。生きているカウリの中では最年長である。

テ・マトゥア・ナヘレは1928年に、ワイポウア森林保護区を通る唯一の幹線道路である国道12号線の工事中に、ニコラス・ヤカスによって発見された。

この木がある場所までは木道が敷かれている。年間数千人も訪れる観光客から周辺の植物を守るためと同時に、何よりもカウリの傷つきやすい根系を保護するためである。

マオリの伝説に、クジラとカウリの物語がある。クジラは海から森の巨人を見て憧れ、カウリは森から海の巨人を見て感嘆した。お互いを崇拝する気持ちから、このふたつの生き物は友達になった。この木が切り倒されてカヌーにされるのを恐れて、クジラはカウリに海で一緒に暮らそうと誘った。カウリは海では溺れてしまうからと、この誘いを断った。クジラもまた、乾いた陸地では生きられないから、自分の世界を出ることはできないのだった。彼らはお互いの皮膚を交換することにした。クジラの皮膚にたっぷり脂肪が含まれているように、カウリの薄く灰色の樹皮が樹脂を豊富に含んでいるのはそういう理由からである。

タネ・マフタと同様に、テ・マトゥア・ナヘレの樹冠には50種もの植物が着生している。その中にはランやシダがあり、2007年7月までは絞め殺しの木も寄生していたが、この年の嵐でテ・マトゥア・ナヘレの頂上部と一緒に吹き飛ばされてしまい、この木の樹冠に大きな空洞が残った。この出来事で、このカウリの寿命は数世紀縮まったかもしれないが、威厳のある存在感は少しも損なわれていない。私にとって、森の父はその名の通り「偉大な父」である。

テ・マトゥア・ナヘレ、ワイポウア森林保護区、2011年

カウリの伐採、保護と再生

❖ニュージーランド

考古学的証拠によれば、マオリ族による初期の森林伐採はおよそ900年前に始まったようだ。しかし、カウリの森が広い範囲で失われたのは、18世紀と19世紀にヨーロッパ人がこの島に到着してからである。

カウリの伐採の最初の記録は1772年である。アイランズ湾でフランス人探検家のマリオン・デュフレーヌが、自分の船の最前部マストにするために1本のカウリの木を切った。彼は出港前にマオリ族の戦士の手にかかって、乗組員26名とともに最期を迎えた。マナワロア湾の禁じられた水域で漁をしたことで「タプ」[マオリ族の言葉で「神聖なもの、禁域」などを指す。タブー]を侵したため、殺され、食べられてしまったのである。報復によってさらに双方の血が流され、争いは3年間続いた。

ジェームズ・クック船長は1769年にニュージーランドの海岸線を探検し、彼が乗るイギリス海軍の軍艦のマストにちょうどいい美しい木立を発見した。カウリを探しながら、海軍の木材検査官トーマス・ラズレットは次のように語った。「私が見た最大のものはマーキュリー湾の近くに立っていて、枝までの高さは24.4メートル、幹回りは21.9メートルあった」。

カウリは加工しやすく丈夫なので、船や家を建造するのに最適だった。最初は沿岸部の小さな木が伐採された。それから木材切り出し業が拡大するにつれて、木材商人は巨木が生えている内陸に進出した。容易には近づけない場所で木が伐採され、巨大な丸太は牛に引かせるか、カウリ・ダムを経由して川で運ばれた。

1897年までに、ノースランド地方のカウリの森の75パーセントが破壊され、現在ではわずか2パーセントが残るのみである。ようやく1973年になって、森林の減少と世論の働きかけによって政府はカウリの伐採を禁止した。1987年には自然保護局が設立され、カウリを効果的に保護している。最近まで、特別な許可を得ずにカウリを伐採するのは違法だったが、建築規制の緩和によって、カウリの成木がほとんど消滅する深刻な問題が何件か発生している。カウリ材の中には、およそ3万年から4万年も地中に埋まっていた古代のカウリの倒木から得られたものもある。それらの木は大地震と大津波や火山活動によって倒れたと思われ、pH＝7の中性の土壌に埋まっていたおかげで、休眠状態で保存されていた。埋没していた古代カウリを掘り出せば、木の引張強度は失われているものの、新しい木材と同様に加工可能で、家具、装飾品、そして楽器の製作にさえ利用できる。

その驚くべき性質に希少性が加わって、現在手に入れられるカウリ材の価格もまた、驚くべき水準に高騰している。

カウリの伐採、1888年

ワイロア滝でのカウリの切り出し、ワイロア川、1905年

カウリの樹冠、ワイポウア森林保護区、2011年

南半球―ニュージーランド

カウリガム

❖ ニュージーランド

　カウリ産業の副産物に、カウリの樹脂が固く化石化したカウリガムがある。マオリ族はニューサイラン（ニュージーランドアサ）の繊維でカウリガムを包んで松明にし、ヨーロッパ人はワニスやリノリウムの材料として利用した。カウリガムは大量に採取できたので、ニュージーランドの主要な輸出品となった。

　最初、カウリガムの塊は地上でいくらでも採取することができた。地表のカウリガムを取り尽くしてしまうと、地面のすぐ下に埋まっているものを掘り出した。続いて地下約30センチメートル、ついにはおよそ4.5メートルの深さまで掘らなければならなくなり、本格的な採掘作業が行なわれた。それによって、かつては古代のカウリの森が数多く存在していた事実が裏づけられた。

　カウリガムの採取のためにノースランド地方の田舎の広大な土地が掘り返されたが、1930年代に、合成の代替品の方がコスト面で有利なことがわかり、カウリガム産業はすたれた。

　カウリガムは幹の傷から自然に流れ出したり、木の頂上部にたまっていたりするので、生木からも採取できる。しかしまもなく、幹に傷をつければ樹脂が収穫できることがわかって、まるで採血するように樹脂を採取する者が現れた。この方法は必然的に木を枯死させたので、1905年に禁止された。

　現在、カウリガムは装飾品やアクセサリーの材料として使われている。磨くと表面に艶が出て、外見が琥珀に似ていることから、ニュージーランドでは琥珀の代用品と考えられている。

グレートバリア島のカウリの再生、2011年。かつてカウリ製材会社は、この島の「直径30センチメートルを超えるすべての木」の伐採を決定した。

カウリが育つ
傷ついたノースランドで、
むき出しの不毛な大地で、
かつてはハチが歌っていた場所で、
われわれの命運は尽き、
手の届くところに友はなく、
暮らしが厳しく
天国への入り口にあと少しと迫ったとき、
苦悩と戦い
店のつけを支払う方法がひとつある。
カウリガムを掘ればいいのだ。
──『ガムフィールドの歌(Song of the Gumfield)』、
ウィリアム・サッチェル、1896年

生木から流れ出す樹脂、プケティの森、2011年

イースター島

❖南太平洋、チリ

　チリ領のイースター島は、現地の住民からはラパ・ヌイと呼ばれ、太平洋に進出したポリネシア人の居住地の東の端に位置している。チリ本土からおよそ3700キロメートル西に浮かぶ、太平洋諸島の中で最も遠く離れた孤島である。

　言い伝えによれば、ラパ・ヌイの最初の部族長ホトゥ・マトゥアはおよそ1200年頃に、2隻のカヌーを横につないだ双胴船でこの島に到達した。そこは豊かな森林に覆われた緑の島で、20種を超える木が生育していた。最も優勢だったのは、この島固有のイースター島ヤシ(Paschalococos disperta)である。入植者は彼らの主要な作物であるサツマイモやヤムイモを栽培するために森を切り開き、ヤシの木の丸太を、薪や海で漁をするためのカヌーのマストとして利用し、ヤシの葉を石造りの家の屋根に使った。ヤシの丸太は数百体ものモアイ像を運搬するためにも利用された。モアイ像はイースター島の有名な巨石像で、樹皮で編んだロープで引っ張り、海に面したアフと呼ばれる石造りの祭壇に据えられた。モアイ像の様式が発達するにつれて、新しい像は直立したままロープで縛られ、祭壇まで文字通り「歩いて」きたと考えられている。

　1250年から1650年まで、農業目的の森林伐採は急速に進められた。また、ポリネシア人がラパ・ヌイに持ち込んだネズミによる被害も無視できなかった。ネズミはヤシの実、若い芽、そしてこの木の柔らかい根を食べてしまい、ヤシの再生を阻害すると同時に、多くの木を枯らした。

　オランダ人航海者のヤーコプ・ロッヘフェーンはこの島を訪れた最初のヨーロッパ人で、彼が1722年の復活祭(イースター)の日曜日にこの島に到着したとき(これがイースター島の名前の由来である)、目にしたのは数少ない小さな林だけだった。クック船長が1774年に訪れたときは、木はほとんど残っていなかった。その頃になると、もはや島民はカヌーを作る材料が手に入らず、実質的に南太平洋で孤立したまま、最後に残った古びた船を流木で補修して使っていた。

　この島に住む人々は皆、頻繁に、そして熱心に「ミロ」という言葉を繰り返し、それが少しも伝わらないといらだった様子を見せた。これはポリネシア人がカヌーを作るのに使う木の名前である。(中略)太平洋を航海する船は、この島に寄港しても何の利益もないだろう。そこには水も木もないからである。
——フランス船艦長アベル・デュプティ・トアール、1840年

イースター島のラノ・ララク採石場を描いた版画。1850年頃に出版された『絵画的な世界(L'Univers Pittoresque)』より。原画は1774年のジェームズ・クック船長の遠征に同行した画家のウィリアム・ヘッジスによる。

ヨーロッパ人の入植後、1880年までにイースター島ヤシは山火事や伐採で失われ、海や陸地にいたおびただしい数の鳥たちも一緒に姿を消した。土をしっかり固定する効果のある森林の根系を失って、もろい土壌は浸食された。

　もうひとつのイースター島固有の種に、イソフジ属のトロミロ（*Sophora toromiro*）という木があったが、イースター島ヤシと同様に絶滅したと考えられている。ノルウェーの探検家トール・ヘイエルダールは、1956年に考古学的研究のためにイースター島を訪れたとき、島の南西端にあるラノ・カウという死火山のクレーターの中で風雨から守られて1本だけ残っていたトロミロに案内された。その木は弱っていたので、ヘイエルダールは枝を切り取って分析のためにスウェーデンに持ち帰り、その種子が1959年にヨーテボリ植物園で発芽した。それ以来、トロミロをイースター島に再び根づかせるための努力が重ねられてきたが、これまでのところ大きな成果は得られていない。

　トロミロは、小さな黄色い花の咲くマメ科の木で、現地の人々にはミロと呼ばれている。かつてはこの島で旺盛に繁り、島民から神聖視されていた。彼らはこの木を使ってモコと呼ばれる木彫りの像を作り、この木の板にロンゴロンゴと呼ばれる文字らしい彫刻を刻み、カヌーを建造するときは外板としても使った。

　ヨーロッパ人入植者が連れてきたたくさんの羊が、イースター島に残された最後の原生林の終焉を告げ、過剰放牧の影響で木の再生は完全に阻害された。イースター島の先住民もまた犠牲になった。奴隷として強制的に連れ去られた者もいれば、ヨーロパ人が持ち込んだ伝染病にかかる者もいて、免疫のない彼らはひとたまりもなかった。

　イースター島の歴史は、天然資源が持続不可能な手段によって過剰に採取され、取り返しのつかない状態にまで枯渇してしまったひとつの例であり、しばしば一地方の生態系の破壊による悲劇として語られる。どのような見方をするにせよ、イースター島は私たちの傷つきやすい世界の痛ましい墓標として残されている。地球規模の環境保護によって、わずかに残された貴重なものを維持し、守らなければならないという教訓を私たちに突きつけているのである。

ラノ・ララクのモアイ像

ハワイ、オアフ島で育てられるトロミロ、2010年

解説

一般財団法人進化生物学研究所 理事長・所長 ◉ **湯浅浩史**

　木は長く生きる。動物の寿命と較べ、はるかに長く、また動物が老いると衰え、精気を失っていくのに対して、木は年を追うごとに大きくなり、風格を生じる。数百年、数千年を重ねた木を前にすれば、その威容に圧倒されてしまう。

　日本にも巨樹、古木は多く、あこがれて訪れる人も少なくない。しかし世界の巨樹となると、その情報は限られ、会いに行くのも容易ではない。世界にはどんな巨樹や古木があるのか。本書は、その姿と情報をつぶさに示してくれる。

　さらに、この本は巨樹が遭遇した重要な歴史を「目撃者」として物語らせる。一言で評すれば、39か国100本、よくこれだけの木を世界に訪ね、資料を探してまとめたものである。日本のサクラ紀行で、いみじくも述べているが、重い荷物を背負ったバックパッカーの姿で、世界を飛び回ったようである。写真を撮るには雨風であれば良い作品とならない。大変な労力を費やしたであろう。

　私も本書で取り上げられている南アフリカ、ボツワナ、オーストラリアのバオバブの大木、カナリア諸島の異木リュウケツジュ、インドはコルタカの1本で森をなすベンガルボダイジュ、メキシコの世界の大木ヌマスギなどを見て回っているが、本書で初めて知る木も少なくない。おかげで労せずして世界の巨樹、古木を目にし、その歴史や、物語りを知ることができる。本書の樹木に迫力があるのは、若干の例外を除いて5年をかけて1本1本訪れ、対面をはたしているからである。

　巨樹や古木は単に巨大だったり、威風堂々としているだけではない。重ねた年月の中には、歴史的な人物や出来事に出会い、その舞台となった木が多い。著者は丹念にそれをすくいあげ、まるでその場にいたような筆遣いで記述する。もの言わぬ生き証人、じっとその様子を見おろしていたであろう木にかわって、今に伝えているのである。筆者が話しかけ、木からの声を聞きとれるのも、人の寿命をはるかに超えて生き続ける古木や巨樹から畏怖と崇拝の念を鋭敏に感じ取る感性を持っているからであろう。

　木を取りまく長い歴史を把握した上で、もっとも重要な一こまを読者に木の代弁者として語ってくれている。

　著者は本書で紹介した木々を「緑の記念碑」という。たしかに歴史に立ちあった生きた証人にふさわしい呼び方であろう。

　本書で最も多くの木が紹介されているイギリスの歴史や故事を私はあまり知らない。おそらくこの本を手にされる

読者の多くもそうであろう。イギリスは今は一つにまとまっていても、スコットランド、イングランド、ウェールズ、またアイルランドの間には血に塗られた戦争が幾度も繰り返されている。兵が通り過ぎ、あるいは近くで戦いが行われた。さらにはデンマークのバイキングや大陸のノルマンディからの軍の侵略も樹木を通して触れる。

戦さは何もイギリスや北欧に限られるわけではない。白人に立ち向かうニュージーランドのマオリ、アメリカの独立戦争、フランスのジャンヌ・ダルク、第二次世界大戦においてドイツ軍と戦ったギリシャクレタ島民の作戦会議に使われたオリーブのような20世紀の歴史も紹介されている。

長い木の命の間には、世界の民族が遠い記憶を留める神話の時代から生き続け、神話の中に色濃く樹木が顔を出す。

木の歴史は、今まで述べたように国家や民族にかかわるだけではない。偉人、例えば仏教を開いた釈迦、医聖ヒポクラテス、未知の世界を切り開いたコロンブス、キャプテンクックやリヴィングストンなどにまつわる古木も取りあげられている。

本書ではそれぞれの木の紹介の最後に関連する歴史的な事例を古い文献から探してきた一節で、飾っているのも特色である。そして、そのほとんどを日本では馴染みの薄い文献から引く。読む方からすれば大変有意義だが、それを探し、拾い上げるためには、時には木を訪ねるよりも長い時間を費やしたかもしれない。

同様に、自ら写した写真と共に過去の絵ハガキ、写真を必ず各樹木に添える。これも大変貴重であると共に、入手は著者の努力の賜物であろう。それによって木の置かれた環境の変化や木の成長が一目瞭然にわかる。

本書にかけた著者の情熱は、木の過去の物語に終わらない。木がなぜそこで、そんなに長寿を保ち続けたのかを問い、不幸にして枯死した古木、古樹では、その原因を追求する。そして現在、生き残った古木が、これからも生き続けるにはどのような環境がふさわしいのか論じている。今は独立した1本の巨樹となっていても、示された過去の写真や絵を現在の姿と比較すれば、まさに一目瞭然である。本書の木は環境のシンボルであると言えよう。

地名や人名には日本人のわれわれにとって、なじみのないものも多いが、写真を眺めるだけでも威厳に満ちた堂々たる木から巨木のパワーが感じられる。良書である。

なお、植物名に和名がない種類は英名もしくは学名で示した。翻訳する際に、一部著者が思い違いをされている箇所は訂正や修整をした。

参考文献

Amazon Past, Present and Future, Thames and Hudson（1992）

Barnes, Ian, *Historical Atlas of the Celtic World*, Cartographica Press（2009）イアン・バーンズ、『地図で読むケルト世界の歴史』、鶴岡真弓監修、桜内篤子訳、創元社、2013年

Bassett, Sinclair, Stenson, *Story of New Zealand*, Read（1992）

Camacho, J P, *Guanches, Legend and Reality*, Weston（2012）

Collins Gem Trees, Harper Collins Publishers（1980）

Cotterell, Arthur, *Norse Mythology*, Sebastian Kelly（1998）

Davies, Norman, *Europe – A History*, Pimlico（1997）

Drinkwater, Carol, *The Olive Route*, Weidenfeld & Nicolson（2006）

Eli, Gordon, *King Kauri*, The Bush Press（1996）

Evelyn, John, *Sylva, Vol. 1 or A Discourse of Forest Trees*（1670）

Great Barrier Island, Canterbury University Press（2004）

Isaacs, Jennifer, *Australian Dreaming*, Lansdowne Press（1988）

Johnson, Hugh, *The International Book of Trees*, Mitchell Beazley Publishers Ltd（1973）

Johnson, Owen and More, David, *Collins Tree Guide*, Harper Collins Publishers（2006）

Keane, Arthur, *Japanese Garden Design*, Tuttle（2004）

Lanner, Ronald, *The Bristlecone Book*, Mountain Press（2007）

Lansley, Belinda, *The Lancashire Witch*（2013）

A Landscape of Myths and Narratives, Madonie Cultural District（2012）

Linford, Jenny, *A Concise Guide to Trees*, Parragon Books（2007）

Lowe, John, *The Yew Trees of Britain and Ireland*, Macmillan and Co.（1897）

Mysteries of Easter Island, Thames and Hudson（1995）

Packenham, Thomas, *Meetings with Remarkable Trees, Remarkable Trees of the World, The Remarkable Baobab*, Weidenfeld & Nicolson（1996, 2002, 2004）

Pocket Trees, Dorling Kindersley Ltd（1995）

Rackham, Oliver, *Woodlands*, Collins（2006）

Reed, A W, *Aboriginal Myths*, Reed（1988）

Reed, A W, *Maori Myth and Legend*, Read（1996）

Spence, Lewis, *The Mysteries of Britain*, Senate（1994）

Strutt, Jacob George, *Sylva Britannica*（1826）

The History Box, Hermes（2001）

Trees, Dorling Kindersley（1992）

Trees, Timbers and Forests of the World, Leisure Books（1978）

Wilkes, J H, *Trees of The British Isles in History & Legend*, Frederick Muller Ltd（1972）

Woodward, Marcus, *The New Book of Trees*, A M Philpot（c1920）

World Atlas of Archaeology, Mitchell Beazley（1988）

Popout Maps & Guides www.popoutproducts.co.uk

Berlitz, DK Eyewitness, Marco Polo, Rough Guides

参考ウェブサイト

www.monumentaltrees.com

www.ancient-tree-hunt.org.uk

www.ancienttreeforum.co.uk

www.woodlandtrust.org.uk

www.ancient-yew.org

www.treehunter.co.uk

www.venerabletrees.org

www.nonington.org.uk

www.ancientforestalliance.org

図版クレジット

本書に掲載した写真、絵葉書、版画は、下記の図版を除き、すべてジュリアン・ハイト［コピーライト記号］の私的コレクションか、公的な資料である。以下の図版を本書に使用する許可を下さった方々に感謝申し上げたい。

p28: © The Fawcus Family
p34 top: © www.panteek.com
p42 bottom: Rory Francis
pg 54 top: © www.skane.naturskyddsforeningen.se
pg 92 bottom, pg 123: David Hight
pg 93: top right © www.kimberleythomas.com
pg 93 top: Charlotte Woodall
pg 105 bottom: Jake Hight
pg 106: Francesco
pg 114 top: © www.petrohrad-obec.cz
pg 125 right: © Agricultural University of Athens
pg 126 bottom: © Katerina Karapataki
pg 147, 149: © Konstantin Hoshana
pg 155: © The Sisters Olive Trees of Noah, Bechealeh, Lebanon
pg 174 bottom: © T J Watt www.tjwatt.com
pg 204 bottom: Shane Karstens
pg 212: © Library of Congress
pg 213 top: © Janette Keys www.colonialzone-dr.com
pg 222 top: Copyright © RBGKew
pg 222 bottom: © Karen Capindale
pg 224 bottom & 225: © Peter Aldred
pg 227: © Janet McCrae
pg 232 right, 233 bottom: © Bill Denheld www.ironicon.com.au
pg 236 bottom: © Hazel Benson
pg 238 bottom: © Karen Jahn
pg 251 right: © Aurbina

The following © State Library of Victoria www.cedric.slv.vic.gov.au: pg 192 right, pg 232 left, pg 233 top, pg 234, pg 240, pg 246

The following © www.shutterstock.com: pg 81: © msgrafixx, pg 151: © Zvonimir Atletic, pg 159: © erandamx, pg 160: © Lee Yiu Tung, pg 175 bottom: © Andrea Izzotti, pg 210: © Vadim Petrakov, pg 223: © Hannes Thirion, pg 228-229: © Dudarev Mikhail, pg 231: © mumbojumbo

The following Creative Commons CC Attribution-ShareAlike images from www.commons.wikimedia.org: pg 70: © Rellingen, pg 145 top: © Rice University, Houston pg 153: www.oregonstate.edu, pg 157: © Biswarup Ganguly pg 158 bottom: © Sophie Voillot, pg 172: © Chris 73, pg 207: © Jonclift, pg 218 top: © Bruna Leone Gagetti, pg 230 bottom: © Philiphist, pg 251 left: © David Eickhof

pg 173 top: © photolibrary

謝辞

かけがえのない支援をいただいた方々

シャーロット・ウッドール、ジェイク・ハイト、ハリー・ハイト、デーヴィッド・ハイト、ヴィンス・パーカー、ジョン・エヴァンス、ルイーズ・ウッドール、ステファニー・ブラムウェル＝ローズ、アンナ・カー、シルビア・メイ

アイデアと調査および旅行に協力いただいた方々

イギリス——ジル・バトラー、ドイツ——バーバラ・ムルナウ、クレタ島——カテリーナ・カラパタキ、シチリア島——ジェーン・ホーキンスとボランティア団体アルフィオ（Alfio）、アメリカ——フィリップス家、ドン・バートレット、デーヴィッド・バーグ、トム・キマラー、アナリー・アレン、日本——キョウコ・イワサ、ニュージーランド——ベンソン家およびブラックウェル家、オーストラリア——グレッグ・ベドフォード、デレクおよびジュリア・パーカー、ビル・デンヘルド、そして旅先で出会ったすべてのすばらしい方々。

資金提供にご協力いただいた方々

クラウドファンディング・サービスのインディゴーゴーを通じて資金を提供し、本書の出版を可能にしてくださった下記の方々にお礼を申し上げたい。

索引

あ

アールバードのオーク　116
アイランズ湾　238, 246
アイルランド　020-027
アウグスト2世、オルデンブルク大公フリードリヒ　077, 078
アガメムノーン　129
アクロポリス　124
アスクレピオン　134, 135
アステカ人　208
熱海　169-172
アテナ　124, 128
アテネ　124
アヌラーダプラ　158
アノ・ヴーヴェス　126-128
アバーフォイル　014
アブラハムのオーク　146
アボリジニ　230, 232, 234
アポロン　134
アマーリエのオーク　76
アマゾン　218
アメリー王妃の花束　066
アメリカ　176-207
アメリカ先住民族　176, 178, 183, 184, 188, 191, 206, 207
アメリカ独立戦争　205
アラブ人　106, 111
アルヴィル=ベルフォス　056
アルコナ　114
アワニチ族　184

い

イースター島　250
イーフェナックのヨーロッパナラ　080
イエーアスボー・デュアヘーウン　50-53
イエーニッシュパークのヨーロッパナラ　072
イエーニッシュ、マルティン　072
イェーヤスプリス　046-049
イエス　145, 148, 151
イコー・デ・ロス・ピノス　136
イスカリオテ、ユダ　151
イスパニョーラ島　211
イタリア　094-111
イビサ島　093
イル・パトリアルカ　100
イングランド　028-039
インド　156-159
インドゴムノキの一種　092

う

ヴァイキング　028, 044, 046-049, 051, 052, 140
ヴァルデマー1世、デンマーク王　114
ヴィクトリア、イギリス女王　152, 221
ヴィクトリア滝　220
ウィリアム征服王　034, 036, 039, 056
ウェールズ　040-045
ウェスタン・オーストラリア州　230
ヴォクト、カスパー　072
ヴォークルール　068
ヴォルスング　054
ウォレス、ウィリアム　016
ウォレスのイチイ　016
ウルヴスダルのオーク　052
ウルンジェリ族　234

え

エジプト　144-145
エジプト人　132
エドワード証聖王　036
エリコ　148
エリザベス1世　018, 023
エリザベス2世　078
エリヤ・ヴーヴォン　126
エル・ドラゴ・ミレナリオ　136
エルサレム　150
エルダースリー　016

お

オアハカ　209
王女アマーリエ　077
王のオーク　048
大楠　170
オークランド　178
オーストラリア　230-235
オーディン　051, 054
オスマン帝国　084, 130
オド司教　034
オファ、マーシア王　028, 036, 042
オリヴァストロ・デ・ミレナーロ　105
オローニ族　178
オワイン・グウィネズ　042

か

カートライト、エドワード　039
カール4世、神聖ローマ皇帝　114, 115
カーロイ、クエン=ヘーデルヴァーリ　117
カイロ　144
カウリガム　240, 248
カエサル　032
カスターニョ・デイ・チェント・カヴァッリ　108
カスターニョ・デッラ・ナーヴェ　110
ガッルーラ　96-99
カディス　092
カディニ　082
金沢　162
カナダ　174-175
カポンの木　018
神のスギ　152
唐崎の松　168
カリー、ドナルド　200
カリフォルニア　176-197
カルロヴォ・ナームニェスティーのモミジバスズカケノキ　115

祇園の夜桜　166
祈願樹　160
京都　166
キラーニー　022-027
ギリシャ　124-135
ギリシャ人　111, 124, 128, 140
キングスキャニオン国立公園　190-193

クヴィルのオーク　054
クーリッジ、カルビン　207
クック、ジェームズ　238, 246, 250
クペ　236
苦悶の木　151
クラーク、ガレン　184, 186
グランディディエ、アルフレッド　226
グラント将軍　192
グリーン、チャールズ　222
クリスチャン5世　050
グリズリージャイアント　186
グレート・バンヤン　156
グレゴリー、オーガスタス・チャールズ　230
クレタ島　126-131
クロアチア　122-123
クローゲンの戦い　042
クローハースト　036
クロムウェル、オリバー　026

け

ケイリオグ森林　042
ケーセグのセイヨウトチノキ　118
ゲスラー、ヘルマン　090
ケリー・ギャング　232-233
ケルナーのオーク　112
ケント、ウィリアム　176

こ

公式マロニエ　091
コウノトリのオーク　047
コス島　132-135
コルカタ　156
コルクガシ　096
コルテス、エルナン　208
コロボリーツリー　234
コロンブス、クリストファー　211
コロンブスの木　212
コンサッティ、カシアーノ　209
コンバース・ベイスン　191

さ

ザアカイの木　148
サクソン族　044
サクラ　162, 164, 166
サポテク族　209
サルデーニャ島　096-105
サンタナスタジーア　111
サンタマリア号　213
サンタルフィオ　108-111
サント・ドミンゴ　212
サント・バルトル　100-103
サンランド・バオバブ　224

シーラ・ナ・ギグ　030
ジェームズ・チャップマン　222, 224
ジェド森林　018
ジェドバラ　018
ジェフリー、ジョン　202
塩釜桜　162
シグムント　054
シスターズ　154
シチリア島　106-111
シッダールタ、ガウタマ　158

シャーマン将軍　194
ジャイアント・フィクス　092
ジャック・ロンドンのオーク　178
シャルル1世、ブルゴーニュ公　088
シャルル7世　068
シャルルマーニュのオーク　064
シャルロッテのオーク　075
ジャンヌ・ダルクのセイヨウシナノキ　068
シュールマン、エドモンド　198, 200
ジュネーブ　091
シュリーのオーク　062
ジョヴァンナ・ダラゴナ、ナポリ王妃　108
縄文杉　172
ション・ロバート　040
シンガポール　214-217
神聖ローマ皇帝フリードリヒ3世　119
神道　166, 170
ジンバブウェ　220

スイス　086-091
スヴァントヴィト　114
スウェーデン　054-055
スエトニウス　032
スクワミッシュ族　175
スコット、サー・ウォルター・　014
スコットランド　014-019
スズカケノキの巨木　122
スタンフォード・ブリッジの戦い　047
スタンレー卿　175
スタンレー公園　175
スティーヴンソン、ロバート・ルイス　060
ストーカー、ブラム　026
ストリンギーバーク・クリーク　232, 233
スパルタ人　124, 129
スペイン　092-093
スラヴ人　112, 114, 115
スランゲルナウのイチイ　040

索引

スリランカ 158

せ
聖イシュトゥヴァーン 117
聖サイノグ 044
聖なる木 144
聖なるボーディー・ツリー 158
聖母マリア 145
生命の樹 030, 093, 119, 213
ゼウス 124, 128
セコイア国立公園 192-197
セネター 207
セミノール族 207
1000マイルの木 204
千年オリーブ 093, 111

そ
ソロモン王 152

た
ダーリー・デールのイチイ 030
第2次世界大戦 034, 071, 108, 130, 152
大西洋岸森林 218
ダイダロス 129
大統領の木 196
タイノ族 213
ダウド、オーガスタス・T 183
タッソのオーク 094
タネ・マフタ 172, 242
ダブリン 020
ダロヴィツェ 112

ち
チーワット・ジャイアント 174
チャップマン、ジェームズ 222, 224
チェコ共和国 112-114
長寿のブリッスルコーン・パインの森 180, 198-201

て
テ・マトゥア・ナヘレ 244
ティーアガルテン 080
ディスカバリー・ツリー 183
ディッケ・アイヒェ 077
ティトゥス、ローマ皇帝 151
テネリフェ島 136-143
デバノグのイチイ 044
テル、ヴィルヘルム 090
テンプス 216
デンマーク 046-053

と
ドイツ 070-081
トゥーレ 209
トゥーレの木 209, 224
トゥトゥメ 222
東方の三博士 144
トール 048, 054
徳川 162, 173
ドミニカ共和国 212-213
ドラキュラ 026
トリーティツリー 206
ドルイド 026, 030, 032
ドルイドのオーク 032
トルコ人 119, 132
トルステノ 122
トロイア 129
ドロモネロのスズカケノキ 129

な
ナポレオン・ボナパルト 060, 066, 112, 122
南北戦争 192, 194

に
ニコラス・ヤカス 244
ニセアカシア 120
日光 173
日光街道杉並木 173
日本 162-173
ニュージーランド 236-249
ニンフィールドのイチイ 039

ぬ
ヌラージ族 098, 100

ね
ねじれたオーク 046, 047
ネッド・ケリーの木 232
ネモローサ 066

の
ノア 154
ノアスコーウン 046-049
ノーチェ・トリステの木 208
ノーニントン 034
ノラ・クヴィル 054
ノルマン人 020, 034, 106

は
バーナム・ビーチズ 032
パーマストンのイチイ 020
バイユー・タペストリー 036
バオバブ・アベニュー 226
バシャリー 152
ハスブルッフの森 074-079
ハドリアヌス帝 146, 152
パトリアルカ・デ・フローレスタ 218
花見 162, 166
バノックバーンの戦い 016
パリ 058
バルビゾン 060, 064
バレア・ルマタ 130
パレスチナ

ハロウィン　040
ハロルド王　036-037, 047
ハロルドのイチイ　036
ハンガリー　116-121
バンクーバー　175
バンクーバー、ジョージ　175
バンクーバー島　174
ハンブルク　072

ビッグツリー　220
ヒトラー　130
ピノ・ゴルド　142
ヒポクラテスのスズカケノキ　132
ヒュペリーオーン　176
ビラフロール　142
ヒラム王　152

ファースト・ネーション　174, 175
フィラデルフィア　206
フィリップ2世、フランス王　56
フーデヴァルト　80
フェニキア人　093, 100, 140, 152, 154
フォーティンゴールのイチイ　040
フォンテーヌブローの森　060-065
フギンとムニン　051
フス派　115
ブダペスト　117, 120-121
仏教　158, 164, 169
ブッダガヤ　158
誓欣院のクロマツ　169
ブラジル　218-219
プラトンのオリーブ　124
プラハ　115
フランス　056-069
フランス王、ルイ・フィリップ　066
フリーデリケのヨーロッパナラ　078
プリズンツリー　230
プリニウス　032
フリブール　088
フレイヤ　086
フレデリク3世　050
フレデリク7世　048
フロリダ　207
フンボルト、アレクサンダー・フォン　136, 140, 208

ヘイエルダール、トール　251
ベインズ、トーマス　222
ベインズのバオバブ　222
ヘースティングズの戦い　036, 056
ペーター・オブ・ヤノヴィツェ　114
ヘーデルヴァール　116
ベケアレ　154
ペトロフラトのオーク　114
ヘブロン　146
ヘレネー　129
ヘロデ王　144
ペン、ウィリアム　206
ペンシルベニア　206
ヘンリー2世　042
ヘンリー4世　038, 058, 063

ポーカーの木　014
ボース、ジャガディッシュ・チャンドラ　156
ポーランド　082-084
ホーレ・アイヒェ　070
北杜市　164
ボストン　205
ポセイドン　124
ボツワナ　222-223
ホトゥ・マトゥア　250
ボヘミア　112-115
ポリネシア人　236, 243, 250
ホローツリー　175
ホワイトホースの伝説　034
ボンコボ　084
ホンコン（香港）　160
ポントバドグのフユナラ　042

マーズデン、サミュエル　238
マーチャーシュ正義王　119
マートンのオーク　028
マイケル・ジャクソン記念樹　121
前田斉広、加賀藩主　162
マオリ族
マクレガー、W・R　240
マサチューセッツ州　205
マジェスティ　034
マジャール人　117
マスキーム族　175
マダガスカル　226-229
マックロスのイチイ　026
マドニエ自然公園　106-107

南アフリカ　224-225
ミノス王　126, 129
宮之浦岳　172
ミューア、ジョン　176, 184, 198, 202
ミュシャ、アルフォンス　114
ミレー、ジャン・フランソワ　060

ムルンダバ　226

め

メアリー、スコットランド女王　018
冥銭　160
メキシコ　208-211
メキシコシティ　208

索引 | 259

索引

メスーゼラ　200
メルボルン　232

も

モートンベイ・イチジク　238
モクテスマ2世、アステカ王　208
モディアディスクルーフ　224
モナシェ族　191
モニュメンタル・オリーブ　130
モネ、クロード　060
モラのフユボダイジュ　088
森の王　018
森の父　183
森の母　183, 226
モレノ・デ・モラ、ホセ　092

や

屋久島　172
山高神代桜　164
日本武尊　164
弥生時代　170
ヤン・カジミェシュのオーク　084
ヤン・ジェリフスキー　115
ヤン・バジンスキーのオーク　082

ゆ

ユタ州　204

ユダヤ人　144, 146
ユネスコ　108, 152, 172, 173
ユピテルのオーク　065

よ

ヨセフ　144
ヨセミテ　184-189, 191

ら

ラッセル　238
ラッフルズ、スタンフォード　214, 216
ラパ・ヌイ　250-251
ラムツェン（林村）　160

り

リーピングツリー　236
リバティツリー　205
リビングストン、デービッド　221
リンカーン大統領　184, 192, 204
林業者のオーク　052
リンのセイヨウシナノキ　086

る

ルーラス　100-105
ルソー、テオドール　060

れ

礼拝堂のオーク　056
レインガ岬　236
レイング、エドワード・ビニー　238
レナペ族　206
レバノン　152-155
レリンゲン　070

ろ

ローマ　094
ローマ人　030, 032, 044, 098, 106, 124, 132, 140, 151
ロッヘフェーン、ヤーコプ　250
ロバート・ブルース　016
ロバン、ジャン　058
ロバンのニセアカシア　058, 120
ロブ・ロイ　014
ロングウッド　207
ロングシップ　046-047

わ

ワイタンギ条約　238
ワイポウア森林保護区　240-245
ワウォナ・トンネル・ツリー　188

樹種索引

あ アカマツ　Red Pine (*Pinus densiflora*)　168, 169
　　アフリカ・バオバブ　African Baobab (*Adansonia digitata*)　221-224
　　アメリカニレ　American Elm (*Ulmus americana*)　205, 206
　　アリジエ・ド・フォンテーヌブロー　Alisier de Fontainebleau (*Sorbus latifolia*)　60

い イースター島ヤシ　Easter Island Palm (*Paschalococos disperta*)　250
　　インドゴムノキの一種　Banyan (*Ficus Magnonioide*)　092
　　インドボダイジュ　Bo tree (*Ficus religiosa*)　158

う ウェスタンレッドシーダー　Western Red Cedar (*Thuja plicata*)　174, 175

え エジプトイチジク　Sycomore Fig (*Ficus sycomorus*)　144, 148
　　エドヒガン　Cherry (*Prunus cerasus*) (*Cerasus spachiana Lavalee ex H.Otto var. spachiana forma ascendens (Makino) H.Ohba, 1992*)　164

お オリーブ　Olive (*Olea europea*)　093, 100-105, 107, 111, 124, 126, 130, 151, 154

か カウリ　Kauri (*Agathis australis*)　240-249
　　ガジュマル　Banyan (*Ficus microcarpa*)　160
　　カナリアマツ　Canarian Pine (*Pinus canariensis*)　142
　　カポック　Kapok (*Ceiba pentandra*)　213
　　カリフォルニアホワイトオーク　Valley Oak (*Quercus lobata*)　180

く クスノキ　Camphor (*Cinnamomum camphora*)　170
　　グランディディエ・バオバブ　Grandidier's Baobab (*Adansonia grandidieri*)　226
　　クロマツ　Black Pine (*Pinus thunbergii*)　168, 169

こ コースト・ライブ・オーク　Coast Live Oak (*Quercus agrifolia*)　178
　　ゴヨウマツ　White Pine (*Pinus parviflora*)　168
　　コルクガシ　Cork Oak (*Quercus suber*)　096-099

さ サトザクラ　Cherry (*Prunus lannesiana*)　162

し シダレザクラ　Cherry (*Prunus Kiku-shidare-zakura*)　166
　　シチリアモミ　Madonie Fir (*Abies nebrodensis*)　106
　　ジャイアントセコイア　Giant Sequoia (*Sequoia giganteum*)　183-197

す スギ　Japanese Cedar (*Cryptomeria japonica*)　172, 173
　　スズカケノキ　Oriental Plane (*Platanus orientalis*)　122, 129, 132

せ セイヨウイチイ　Common Yew (*Taxus baccata*)　016, 020, 025, 026, 030, 036, 039, 040, 044
　　セイヨウシナノキ　Common Lime (*Tilia x europaea*)　068, 086
　　セイヨウトチノキ　Horse Chestnut (*Aesculus Hippocastanum L.*)　091, 119
　　セイヨウハコヤナギ　Black Poplar (*Populus nigra*)　121
　　セイヨウヒイラギ　Holly (*Ilex aquifolium*)　107
　　セイヨウヒイラギガシ　Holm Oak (*Quercus ilex*)　107

て テンブス　Tembusu (*Fagraea fragrans*)　216

と トロミロ　Toromiro (*Sophora toromiro*)　251

に ニセアカシア　False Acacia (*Robinia pseudoacacia*)　058, 120

は パレスチナオーク　Palestine Oak (*Quercus pseudo-coccifera*)　146

ひ ピンク・ジェキチバ　Pink Jequitibá (*Cariniana legalis*)　218

ふ フォックステールパイン　Foxtail Pine (*Pinus balfouriana*)　202
　　フユナラ(セシルオーク)　Sessile Oak (*Quercus petraea*)　014, 018, 023, 042, 063, 064, 065, 066, 094
　　フユボダイジュ　Small Leaved Lime (*Tilia cordata*)　088
　　ブリッスルコーンパイン　Bristlecone Pine (*Pinus longaeva*)　198-202

へ ベンガルボダイジュ　Banyan (*Ficus benghalensis*)　156

ほ ボアブ　Australian Baobab (*Adansonia gregorii*)　230
　　ポフツカワ　Pohutukawa (*Metrosideros excelsa*)　236
　　ポンドサイプレス(ヌマスギ)　Pond Cypress (*Taxodium ascendens*)　207

も モートンベイ・イチジク　Moreton Bay Fig (*Ficus macrophylla*)　238
　　モミジバスズカケノキ　London Plane (*Platanus x acerifolia*)　115
　　モンテスマサイプレス(メキシコスマスギ)　Montezuma Cypress (*Taxodium mucronatum*)　208, 209
　　モンテベルデ　Monteverde (*Lauracae*)　140

ゆ ユーカリプツス・ビミナリス　Eucalyptus Manna Gum (*E. Virinalis*)　233

よ ヨーロッパグリ　Sweet Chestnut (*Castanea satia*)　108-110
　　ヨーロッパナラ(アカガシワ)　Pedunculate Oak (*Quercus robur*)　028, 032, 034, 042, 048, 052, 054, 056, 071, 072, 077, 078, 082, 084, 112, 114, 117
　　ヨーロッパブナ　Common Beech (*Fagus sylvatica*)　047, 107

り リュウケツジュ　Dragon Tree (*Dracaena draco*)　136-139

れ レッドウッド　Coast Redwood (*Sequoia sempervirens*)　176
　　レッドリバーガム　Red River Gum (*Eucalyptus camaldulensis*)　234
　　レバノンスギ　Cedar of Lebanon (*Cedrus lebani*)　152

著者

ジュリアン・ハイト［*Julian Hight*］

ライター、デザイナー。自然保護の慈善団体ウッドランド・トラストのメンバーで、絶滅や枯死の危機に瀕した木や古代の森林地帯を保存するための活動を行っている。著書に*Britain's Tree Story*（National Trust Books）がある。

日本語版監修

湯浅浩史［ゆあさ・ひろし］

1940年、神戸市生まれ。植物学者。専攻は、民族植物学、生き物文化誌、多肉植物。海外50か国で植物調査。1968年、東京農業大学大学院農学研究科博士課程修了、農学博士。東京農業大学教授を経て、一般財団法人進化生物学研究所理事長・所長。
著書に『花の履歴書』（朝日新聞社、のち講談社学術文庫）、『マダガスカル異端植物紀行』（日経サイエンス社）、『花おりおり』全5巻（朝日新聞社）、『世界の不思議な植物——厳しい環境で生きる』（誠文堂新光社）、『植物でたしむ、日本の年中行事』（朝日文庫）、『植物からの警告』（ちくま新書）、『ヒョウタン文化誌——人類とともに一万年』（岩波新書）ほか多数。

訳者

大間知 知子（おおまち・ともこ）

お茶の水女子大学英文学科卒業。訳書に『ビールの歴史』、『鮭の歴史』、『ロンドン歴史図鑑』（以上、原書房）、『世界の哲学50の名著』、『政治思想50の名著 エッセンスを論じる』（以上、ディスカヴァー・トゥエンティワン）などがある。翻訳協力多数。

World Tree Story: History and legends of the world's ancient trees
Text Copyright © 2015 Julian Hight
Images Copyright © 2015 Julian Hight (except where stated)
Published by arrangement with Albury Books, Albury Court, Albury, Oxfordshire, OX9 2LP
through Tuttle-Mori Agency, Inc., Tokyo

All rights reserved. No part of this book may be reproduced or transmitted in any form or by any means, electronic or mechanical, including photocopying, recording or by any information storage and retrieval system without permission in writing from the publisher.

【ヴィジュアル版】
世界の巨樹・古木
歴史と伝説

2016年4月29日　初版第1刷発行

著者	ジュリアン・ハイト
日本語版監修	湯浅浩史
訳者	大間知 知子
発行者	成瀬雅人
発行所	株式会社原書房
	〒160-0022 東京都新宿区新宿1-25-13
	電話・代表 03(3354)0685
	http://www.harashobo.co.jp
	振替・00150-6-151594
ブックデザイン	小沼宏之
印刷	新灯印刷株式会社
製本	東京美術紙工協業組合

©Hiroshi Yuasa, Office Suzuki, 2016
ISBN978-4-562-05313-1
Printed in Japan